2014 China Architectural Education
TSINGRUN Students' Paper Competition

《中国建筑教育》·清润奖·2014

大学生论文竞赛

TOUCH TOMORROW

主　办：《中国建筑教育》编辑部
　　　　中国建筑工业出版社
　　　　全国高等学校建筑学专业指导委员会
　　　　北京清润国际建筑设计研究有限公司

承　办：《中国建筑教育》编辑部
　　　　东南大学建筑学院

中国建筑教育

题目：题目根据提示要求自行拟定

■ 历史语境下关于······的再思   ＜硕、博学生可选＞

请选择你感兴趣的一位中外建筑师，或者更宽泛一些，选择一种有价值的建筑事件/特征/现象（也可以是结构、材料，甚至表皮技法等，也可以是中国历史上的一种建筑文化现象），去分析、推衍及梳理其内在特质，并以当代视野再次评价其建筑学价值。

他们曾经甚至如今依然在影响着建筑的发展史，他们或开创了新的建筑语言，最大限度地探索了材料和结构完美表达的可能性，或在风格、材料、形式等建筑基本问题上作出前瞻性的思考，并敏锐地捕捉到建筑思维与语言的现当代转向······建筑发展史上曾经的建筑现象放在历史视野中去重新观察和审视，会更接近其建筑学价值，古今、中外皆然。

■ 建筑作品或现象评析   ＜本、硕学生可选＞

通过一定的具体研究或调查，针对某一建筑现象进行分析与论证，阐述你的研究结果与想法；

或者通过对以往建筑设计作业、建筑设计竞赛以及实际参与建筑设计或建造的经历进行总结，阐述你对某一（自己或他人的）设计作品的理解与思考。

■ 建筑的未来与发展思考   ＜本科学生可选＞

未来的建筑是什么样的？

信息化建筑的出现有无必然性？它能否给我们带来幸福？

摩天大楼有我们想要的幸福空间吗？

人性间彼此的沟通，到底有多么重要？未来建筑是否要对此关照？

······

可畅谈你对未来建筑趋势的设想，或展开你对建筑发展本质的理解。

评审委员会主任： 仲德崑　沈元勤　王建国　王莉慧

本届轮值评审委员（以姓氏笔画为序）：

马树新　王建国　仲德崑　庄惟敏　刘克成　孙一民　李　东　李振宇　张　颀　赵万民　梅洪元

奖　　励： 一等奖　2名（本硕组1名、博士组1名）　奖励证书＋壹万元人民币整
二等奖　6名（本硕组4名、博士组2名）　奖励证书＋伍仟元人民币整
三等奖　9名（本硕组6名、博士组3名）　奖励证书＋叁仟元人民币整
优秀奖　若干名　　　　　　　　　　　　奖励证书

论文要求： 1、参选论文要求未以任何形式发表或者出版过；
2、参选论文字数以5000～10000字左右为宜，本科生取下限，
研究生取上限，可以适当增减。

提交内容： 含完整文字与图片的论文正文一份（word格式）；
单独提取出原图片的文件一份（jpg格式）；
作者信息一份（txt格式），内容包括：论文名称、所在年级、学生姓名、指
导教师、学校及院系全名；
证明在校身份的学生证件复印件一份，或院系盖章证明一份（jpg格式）。

提交方式： 电子文件至信箱：2822667140@qq.com（文件夹名为：参加论文竞赛
–学校院系名–年级–学生姓名–论文题目–联系电话）；
并同时邮寄相应纸质文件至评审工作小组。

邮寄地址： 北京市海淀区三里河路9号住建部北配楼 建筑工业出版社 北514室
《中国建筑教育》编辑部 收 100037
（请在信封背面注明"参加论文竞赛"）

联系电话： 010—58933415，13651105243，联系人：陈海娇

截止日期： 2014年9月8日（纸面材料以邮戳时间为准；电子版本以电子邮件送
达时间为准，并与编辑部电话确认或邮件回复确认）；

参与资格： 全国范围内（含港、澳、台地区）在校的建筑学、城市规划学、风景
园林学以及其他相关专业背景的学生（包括本科、硕士和博士生），
并欢迎境外院校学生积极参与。

评选办法： 本次竞赛将通过预审、复审、终审、奖励四个阶段进行。

颁　　奖： 在今年的全国高等学校建筑学专业院长及系主任大会上进行，获奖者
往返旅费及住宿费由获奖者所在院校负责（如为多人合作完成的，至
少提供一位代表费用）。

发　　表： 评审结果和获奖作品将择优刊登于2015年出版的《中国建筑教育》、
《建筑师》杂志上。

其　　他： 1.本次竞赛不收取参赛者报名费等任何费用；
2.本次大奖赛的参赛者必须为在校的大学本科生、硕士或博士生，如
发现不符者，将取消其参赛资格；
3.参选论文不得一稿两投；
4.参选论文的著作权归作者本人，但参选论文的出版权归主办方所有
5.参选论文不得侵害他人的著作权，要求未以任何形式发表或者出版
过，如有发现，一律取消参赛资格；
6.论文获奖后，不接受增添、修改参与人；
7.具体的竞赛评选章程及论文格式要求：
请通过"专指委"的官方网页下载（网址：http://www.abbs.com.cn/nsbae/）；
或关注《中国建筑教育》微信平台查看（微信订阅号：《中国建筑教育》）；
或发邮件至编辑部索要（电子信箱：2822667140@qq.com）。

中国建筑教育

China China
Architectural
Education
2014
Students Academic
Academic
Competition

连·接·未·来

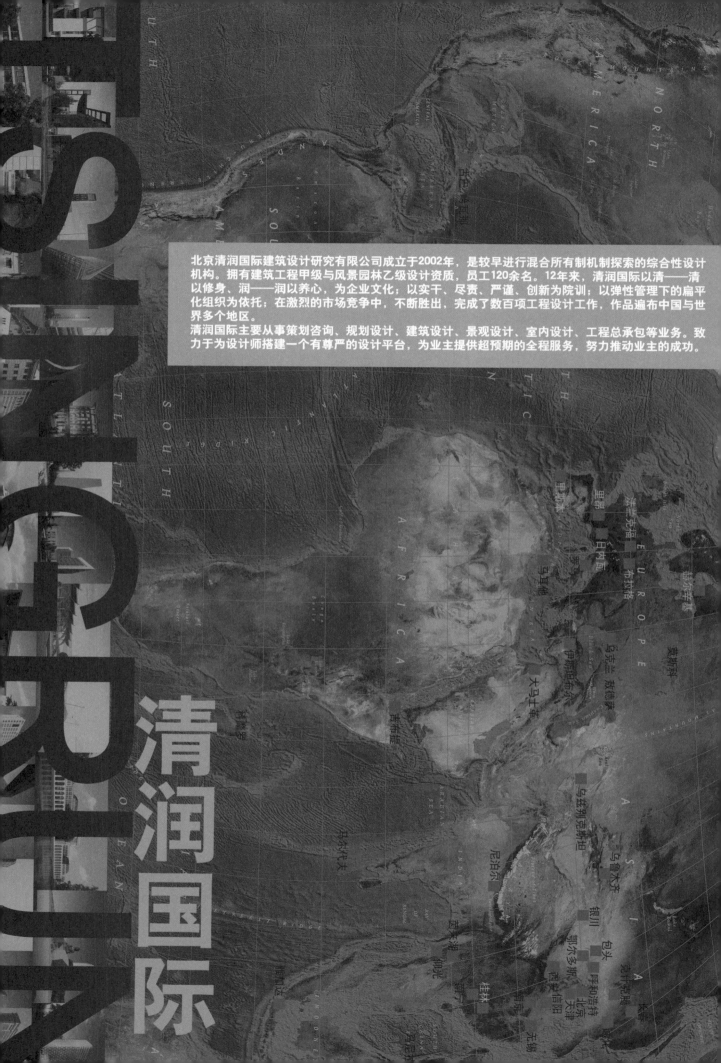

北京清润国际建筑设计研究有限公司成立于2002年，是较早进行混合所有制机制探索的综合性设计机构。拥有建筑工程甲级与风景园林乙级设计资质，员工120余名。12年来，清润国际以清——清以修身、润——润以养心，为企业文化；以实干、尽责、严谨、创新为院训；以弹性管理下的扁平化组织为依托；在激烈的市场竞争中，不断胜出，完成了数百项工程设计工作，作品遍布中国与世界多个地区。

清润国际主要从事策划咨询、规划设计、建筑设计、景观设计、室内设计、工程总承包等业务。致力于为设计师搭建一个有尊严的设计平台，为业主提供超预期的全程服务，努力推动业主的成功。

2014年　2014（总第7册）

主管单位：中华人民共和国住房和城乡建设部
　　　　　中华人民共和国教育部
主办单位：全国高等学校建筑学学科专业指导委员会
　　　　　全国高等学校建筑学专业教育评估委员会
　　　　　中国建筑学会
　　　　　中国建筑工业出版社
协办单位：清华大学建筑学院　　　　同济大学建筑与城规学院
　　　　　东南大学建筑学院　　　　天津大学建筑学院
　　　　　重庆大学建筑与城规学院　哈尔滨工业大学建筑学院
　　　　　西安建筑科技大学建筑学院　华南理工大学建筑学院

顾　　问：（以姓氏笔画为序）
　　　　　齐　康　关肇邺　李道增　吴良镛　何镜堂　张祖刚　张锦秋
　　　　　周干峙　郑时龄　钟训正　彭一刚　鲍家声　戴复东
社　　长：沈元勤
主　　编：仲德崑
执行主编：李　东
主编助理：屠苏南

编 辑 部
主　　任：李　东
编　　辑：陈海娇
特邀编辑：（以姓氏笔画为序）
　　　　　王　蔚　王方戟　邓智勇　史永高　冯　江　李旭佳　张　利
　　　　　张　彤　陈　静　顾红男　郭红雨　黄　瓴　黄　勇　萧红颜
　　　　　魏泽松　魏皓严
装帧设计：编辑部
平面设计：边　琨
营销编辑：柳　涛
版式制作：北京嘉泰利德公司制版

编委会主任：仲德崑　秦佑国　周　畅　沈元勤
编委会委员：（以姓氏笔画为序）
　　　　　丁沃沃　马清运　王　竹　王伯伟　王建国　王洪礼　毛　刚
　　　　　孔宇航　吕　舟　吕品晶　朱　玲　朱小地　朱文一　仲德崑
　　　　　刘　甦　刘　塨　刘克成　关瑞明　汤羽扬　孙一民　孙　澄
　　　　　李子萍　李兴钢　李志民　李岳岩　李保峰　李晓峰　时　匡
　　　　　吴长福　吴庆洲　吴志强　吴英凡　沈　迪　沈中伟　张　颀
　　　　　张玉坤　张成龙　张兴国　张伶伶　张珊珊　陆　伟　陈　薇
　　　　　陈伯超　陈梦驹　邵韦平　周　畅　周若祁　单　军　孟建民
　　　　　赵　辰　赵万民　赵红红　饶小军　秦佑国　莫天伟　桂学文
　　　　　夏铸九　顾大庆　徐　雷　徐行川　徐洪澎　凌世德　唐玉恩
　　　　　黄　耘　黄　薇　曹亮功　龚　恺　常　青　常志刚　崔　恺
　　　　　梁　雪　梁应添　韩冬青　覃　力　曾　坚　潘国泰　魏宏杨
　　　　　魏春雨
海外编委：张永和　赖德霖（美）　黄绯斐（德）　王才强（新）　何晓昕（英）

编　　辑：《中国建筑教育》编辑部
地　　址：北京海淀区三里河路9号　中国建筑工业出版社　邮编：100037
电　　话：010-58933415　　010-58933813　　010-58933828
传　　真：010-68319339
投稿邮箱：2822667140@qq.com

出　　版：中国建筑工业出版社
发　　行：中国建筑工业出版社
法律顾问：唐　玮

CHINA ARCHITECTURAL EDUCATION
Consultants:
Qi Kang · Guan Zhaoye · Li Daozeng · Wu Liangyong · He Jingtang
Zhang Zugang · Zhang Jinqiu · Zhou Ganzhi · Zheng Shiling
Zhong Xunzheng · Peng Yigang · Bao Jiasheng · Dai Fudong
President:　　　　　　　　　　Director:
Shen Yuanqin　　　　　　　　Zhong Dekun · Qin Youguo · Zhou Chang · Shen Yuanqin
Editor-in-Chief:　　　　　　　Editoral Staff:
Zhong Dekun　　　　　　　　Chen Haijiao
Deputy Editor-in-Chief:　　　Sponsor:
Li Dong　　　　　　　　　　China Architecture & Building Press

图书在版编目（CIP）数据

中国建筑教育.2014.总第7册/《中国建筑教育》编辑部编著.——北京:中国建筑工业出版社, 201

ISBN 978-7-112-16699-2

I.①中… II.①中… III.①建筑学—教育—研究—中国　IV.①TU-4

中国版本图书馆CIP数据核字(2014)第064625号

开本：880×1230毫米　1/16　印张：7.5
2014年3月第一版　2014年4月第一次印刷
定价：25.00元
ISBN 978-7-112-16699-2
（25519）

中国建筑工业出版社出版、发行（北京西郊百万庄）
各地新华书店、建筑书店经销
北京画中画印刷有限公司印刷
本社网址：http://www.cabp.com.cn　　网上书店：http://www.china-building.com.cn
本社淘宝店：http://zgjzgycbs.tmall.com　博库书城：http://www.bookuu.com
请关注《中国建筑教育》新浪官方微博：
@ 中国建筑教育_编辑部
请关注微信公众号：
《中国建筑教育》

目 录

EDITORIAL

EDITORIAL NOTES

主编寄语

在《中国建筑教育》总第 7 册即将付印之际，我想通过例行的"主编寄语"和《中国建筑教育》的读者们说说心里话，因为我始终把它作为一次和读者交流的好机会。

在撰写寄语之前，我总会通读一次样稿。而在通读的时候，仿佛又是在和文章的作者们进行沟通。在这里，我想对为《中国建筑教育》撰稿的作者们表示感谢，感谢你们为《中国建筑教育》写作了如此高质量的论文；对编辑部的同仁表示感谢，感谢你们为《中国建筑教育》的出版所付出的辛勤劳动；同时，我也衷心希望《中国建筑教育》的读者们能从刊发的文章中多多获益。

本册的特稿，是天津大学建筑学院宋昆、赵建波教授撰写的"关于建筑学硕士专业学位研究生培养方案的教学研究"一文。文章以天津大学建筑学院为例，探讨了建筑学硕士专业学位研究生培养方案，对全国高等学校建筑院校有很好的参考价值。

本册的专栏，主题是"国外建筑学博士教育"。8 篇重头论文，对美、英、荷、日、韩等国的建筑学科博士研究生教育做了全面的介绍。文章的作者们多有在这几个国家攻读博士或工作学习的经历，因此，这是历年来对于国外建筑学科博士教育最为全面、最为翔实的引介和论述，对于我国建筑院校建构和提升博士教育必然会起到深远的影响。

"建筑设计研究与教学"栏目，发表了 6 篇论文。论文的作者，把教学和教学研究紧密结合起来，探讨了建筑设计教学过程中理论和实践问题。教学研究必然会推进和提高教学水平和教学质量，应该给以充分的重视和积极的鼓励。

"师道"栏目，采访了清华大学建筑学院资深教授栗德祥先生，题目是"躬行教育实践，开拓学科视界"，全面阐述了栗先生的教育思想和教育实践，对于建筑教育的后来者会有很大的启发，起到引领作用。

"众议"栏目，选择了一个很有意思的主题："我眼中的建筑系"。老中青三代建筑人，谁不是从建筑系出来的呢。所以议论起来，饱含深情，趣味横生，读来生动亲切，余味无穷。

今年四月，由《中国建筑教育》发起，联合全国高等学校建筑学专业指导委员会和中国建筑工业出版社，共同举办大学生论文竞赛。论文竞赛旨在通过对不同阶段学生论文的评选，及时了解和发现我国现阶段不同专业层面教育中存在的问题，及时在教学中进行调整和反馈，有序推进理论教学水平的提升；通过优秀论文的点评与推广，激发学生的学习与思考热情，为学生树立较好的参照系统，使理论教学有章可循；通过持续的论文竞赛活动，提升学生群体的整体理论素养，并为及时发现优秀研究型人才做好培养和储备工作。希望首次论文竞赛能够得到全国建筑院校的积极响应和踊跃参与。

再次感谢全国的建筑院校的教师们对于建筑教育的热心和执着，努力创新和不懈探索；感谢论文作者的支持，感谢读者的关注。

仲德崑
2014 年 3 月
于南京半山灯庐

关于建筑学硕士专业学位研究生培养方案的教学研究

——以天津大学建筑学院为例

宋昆　赵建波

The Research of M.Arch Program of
Architecture School of Tianjin University

■摘要：积极发展硕士专业学位研究生教育，培养适应社会需求的高层次应用型专门人才，是当前我国研究生教育改革和发展的重要内容。论文在解读教育部和住建部相关指导文件，比对国际建筑学专业教育常规做法的基础上，从培养目标、学制年限、教学框架、主干课程等方面探讨了建筑学硕士专业学位的培养模式，并结合天津大学建筑学院的教学特点，初步建立一套适应建筑学硕士专业学位教学的培养方案。

■关键词：建筑学硕士　专业学位　培养方案　课程体系

Abstract：According to the guidelines from the Chinese Ministry of Education and Housing and Urban-rural Development, improving the professional degree education program and training professionals according to the social demand are two key contents of the postgraduate education reformation and development. By analyzing the official documents and comparing the international education experience, this paper define the characteristic of M.Arch training in the following aspects：training target, educational system, course framework and major courses. Combining the traditional advantage of the the Architecture school of Tianjin University, it basically establishes a innovative training program for the Master of Architecture.

Key words：Master of Architecture；Professional Degree；Training Program；Course System

专业学位（professional degree），是随着现代科技与社会的快速发展，针对社会特定职业领域的需要，培养具有较强的专业能力和职业素养、能够创造性地从事实际工作的高层次应用型专门人才而设置的一种学位类型，其具有相对独立的教育模式，具有特定的职业指向性，是职业性与学术性的高度统一。[1]

我国建筑学专业硕士研究生教育的发展大体经历了三个阶段：(1) 1978～1995年，学术型研究生培养模式，授工学硕士学位；(2) 1996～2011年，学术型研究生培养模式，授建筑学硕士学位；(3) 2012年以来，学术型、应用型两种不同的硕士研究生培养模式，分别授工学硕士学位和建筑学硕士学位。

本文在大体梳理了我国专业硕士研究生和建筑学专业硕士研究生教育发展历程的基础上，介绍了天津大学建筑学院建筑学硕士专业学位研究生培养方案的调整思路，尝试建立一套能够适应我国社会职业需求并与国际接轨的专业学位研究生培养模式。

一、建筑学硕士专业学位研究生培养方案的确定与完善

1. 工程教育改革与硕士专业学位的确定

1978 年我国恢复了研究生招生制度，1980 年颁布的《中华人民共和国学位条例》中规定硕士学位授予为达到下述水平者：(1) 在本门学科上掌握坚实的基础理论和系统的专门知识；(2) 具有从事科学研究工作或独立担负专门技术工作的能力。条例已经将研究生培养分为掌握坚实基础理论、从事科研工作和掌握系统专门知识、从事技术工作的两类人才——即学术型人才和应用型人才，但并没有明确提出这两个相应的概念，在实际工作中一直执行着以学术型人才为主的培养模式。

随着社会经济和教育事业的发展，我国的研究生教育体系也日趋完善。1990 年开始设置和试办专业学位教育（主要是非全日制的工程硕士），初步建立具有中国特色的专业学位研究生教育制度，开始了高层次应用型人才的专门培养。

2007 年教育部和中国工程院共同发起实施工程教育改革实践项目。为了响应这一历史性的教改计划，2009 年教育部下发《关于做好 2009 年全日制专业学位硕士研究生招生计划安排工作的通知》，明确将硕士研究生分为学术型（授学术学位 academic degree）和应用型（授专业学位 professional degree）两大类，并开始招收全日制硕士专业学位研究生。"建筑学硕士"也属此次招收全日制硕士研究生的专业学位类别之一。[2]

2010 年 7 月颁布的在今后一定时期内指导全国教育改革和发展的纲领性文件《国家中长期教育改革和发展规划纲要 (2010—2020 年)》（以下简称《中长期教育规划纲要》）中进一步提出："……创立高校与科研院所、行业企业联合培养人才的新机制。……大力推进研究生培养机制改革。……推行产学研联合培养研究生的'双导师制'。实施研究生教育创新计划。……优化学科专业和层次、类型结构，重点扩大应用型、复合型、技能型人才培养规模，加快发展专业学位研究生教育。"依此文件精神，2010 年 9 月国务院学位委员会第 27 次会议审议通过《硕士、博士专业学位研究生教育发展总体方案》（学位〔2010〕49 号）（以下简称《专业学位发展方案》），明确指出："到 2015 年，……实现硕士研究生教育从以培养学术型人才为主向以培养应用型人才为主的战略性转变；……到 2020 年，实现我国研究生教育从以培养学术型人才为主转变为学术型人才和应用型人才培养并重"的目标，并从专业学位研究生的入学考试方式、人才培养模式、师资队伍建设等方面提出了指导性意见。

2. 建筑学硕士专业学位研究生培养模式的发展与完善

建筑学是国内率先开展硕士专业学位教育的学科之一，早在 1995 年由住建部主导就已开始建筑学专业硕士研究生教育的评估工作，"在已通过建筑学专业评估的建筑学专业硕士点毕业者，由国务院学位委员会授予建筑学硕士学位[3]。"而"高等学校建筑学专业教育评估的目的是加强国家、行业对建筑学专业教育的宏观指导和管理，保证建筑学专业基本教育质量，保证学生了解建筑师的专业范畴和社会作用，获得执业建筑师必需的专业知识和基本训练，并为高等学校的建筑学专业获得相应的专业学位授予权、为与世界上其他国家相互承认同等专业的评估结论及相应学历创造条件[4]。"亦即建筑学专业教育评估和专业学位授予与注册建筑师执业资格考试制度是紧密衔接的，与《专业学位发展方案》中所提出的发展专业学位教育的首要原则是"适应社会需求，强化职业导向。进一步发展专业学位教育，必须……紧密结合职业资格认证体系"的要求是完全吻合的。

由于当时的建筑学专业研究生培养体系中还没有学术型和应用型之分，而且是以二级学科来授予学位，如"建筑设计及其理论专业工学硕士"学位、"建筑设计及其理论专业建筑学硕士"学位。两类学位的授予是按照是否通过了建筑学硕士学位研究生教育评估来界定，亦即通过评估的院校可以授予毕业生建筑学学位，没有通过评估的院校只能授工学学位。实际上各建筑院校专业学位研究生的培养方案多是建立在学术学位研究生培养方案的基础上，二者并没有实质性的差别。而 2009 年教育部要求全面开始招收全日制专业学位研究生以后，在建筑学科中又出现了一种新的专业学位类型。以原来的招生方式录取的研究生被视为学术

型硕士研究生，依旧按照二级学科授予学位，如"建筑设计及其理论专业建筑学硕士"，而新招收的应用型硕士研究生则按照一级学科授予"建筑学硕士"学位。教育部（国务院学位委员会）和住建部（建筑学专业教育评估委员会）之间在操作过程上的不衔接，造成了一定程度上的混乱，现在看来，这只是改革过程中的时序问题，并无对错之分。

2010 年颁布的《专业学位发展方案》，最终明确了学术学位和专业学位之间的区别。随之在 2011 年版的《全国高等学校建筑学硕士学位研究生教育评估标准》（以下简称《建筑学硕士评估标准》）中也明确指出："全国高等学校建筑学硕士学位研究生教育评估应满足《中华人民共和国学位条例》中的各项规定。根据教育部和国务院学位委员会的文件规定，学术学位硕士研究生主要是培养学术研究人才，而全日制专业学位硕士研究生主要是培养具有良好职业素养的高层次应用型专门人才。"

2012 年学科调整后，城乡规划学和风景园林学从建筑学中独立成为一级学科（即专业），并取消了二级学科（即专业方向，应为各学校根据自身优势特点自行设置）。至此，教育部（国务院学位委员会）和住建部（建筑学专业教育评估委员会）的要求之间实现了全方位的对接，殊途而同归。

至此，建筑学学科的学位体系明确分为学术学位和专业学位，学术学位按照学科门类分为学士、硕士和博士三级，皆授予工学学位；专业学位则分为学士和硕士两级，分别授予"建筑学学士学位"与"建筑学硕士学位"。也就是说，学术型硕士研究生按照学科门类，即工学授予学位；应用型硕士研究生则按照一级学科，即建筑学授予专业学位。

3. 建筑学硕士专业学位研究生培养方案的调整依据

教育部（国务院学位委员会）的学科建设体系和住建部（建筑学专业教育评估委员会）的专业评估体系接轨以后，《中长期教育规划纲要》、《专业学位发展方案》与《建筑学硕士评估标准》、《建筑学教育评估认证体系间实质对等性承认协议（2008）》（以下简称《堪培拉协议》）等文件精神也都对应上了，从不同的角度共同组成建筑学专业学位硕士研究生培养方案制定的指导性文件。

《专业学位发展方案》明确指出："专业学位研究生教育在培养目标、课程设置、教学理念、培养模式、质量标准和师资队伍建设等方面，与学术型研究生完全不同。"尤其在培养模式方面，较之《建筑学硕士评估标准》则更加明确详细且有了新的要求，大致概括为以下五个方面：

在办学模式方面，突出实践教学，保证不少于半年的实践教学，加大实践教学学分比重。改革创新实践教学模式，坚持一线实践，建立多种形式的实践基地。

在课程体系方面，课程设置要以实际应用为导向，以满足职业需求为目标，以综合素养和应用知识与能力的提高为核心，将行业组织、培养单位和个人职业发展要求有机结合起来。

在教学方法方面，重视运用团队学习、案例分析、现场研究、模拟训练等方法，注重培养学生研究实践问题的意识和解决实际问题的能力。

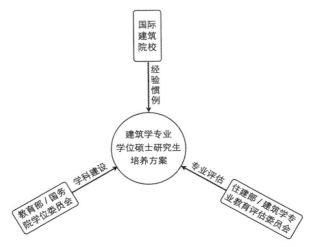

图 1 天津大学建筑学院建筑学硕士专业学位研究生培养方案的调整依据

在论文标准方面，论文选题必须来源于社会实践或工作实际中的现实问题，鼓励采用调研报告、规划设计、产品开发、案例分析、项目管理、文学艺术作品等多种形式。

在师资队伍方面，来自实践领域有丰富经验的高层次专业人员承担专业课程教学的比例应不低于三分之一，并积极参与实践过程、项目研究、论文考评等工作，加快形成"双师型"的师资结构。

以我院为例，天津大学建筑学院在2011年进行建筑学硕士专业学位研究生培养方案调整时，组织进行了专项教学研究，在解读上位指导文件的基础上，结合建筑学专业教育的评估要求，并参考国际上主要国家尤其是《堪培拉协议》签署国建筑院校的教育模式，制定了《天津大学建筑学学科硕士研究生培养方案（专业学位）》，并在2012级建筑学专业硕士研究生中加以实施（图1）。与此对应的《天津大学建筑学学科硕士研究生培养方案（学术学位）》也一并执行。

二、天津大学建筑学院建筑学硕士专业学位研究生培养方案的调整

1．培养目标的调整

《专业学位发展方案》明确了专业学位教育与职业资格考试的衔接方式，有"完全对接"、"课程豁免"、"缩短职业资格考试实践年限"、"与国际职业资格考试衔接"、"任职条件之一"等五种方式。就目前建筑学专业而言，主要体现在"缩短职业资格考试实践年限"方面。建筑学专业学位授予制度与建筑学专业教育评估和注册建筑师执业资格考试制度相衔接，亦即指明了建筑学硕士专业学位的培养目标就是执业建筑师，其教学体系自然应该围绕建筑师培养这一目标展开，而建筑学专业教育评估正是用来保证建筑学专业基本教育质量所进行的检查评价。

基于上述原则，我院将建筑学专业学位研究生培养目标定位为：适应社会需求，强化职业导向，紧密结合建筑学专业评估和建筑师职业资格认证体系，强化学生的工程实践能力、工程设计能力与工程创新能力的培养与训练，以培养建筑设计领域高层次应用型专门人才为目标。

2．学制年限的界定

"发展专业学位教育，要充分借鉴、吸收发达国家和地区专业学位教育的有益经验，要着眼于我国的国情和教育的实际情况[5]。"目前，英、法、德、美四大建筑教育体系在建筑学硕士专业学位的学制年限、生源背景、对接职业资格考试等方面具有明显差异。从生源背景情况和学制年限来说，我国的建筑学专业学位教育体系与美国的最为接近（表1）。

各国建筑学专业学位教育体系比较　　　　　　　　　　表1

国家	本科学位及年限	硕士专业学位年限		学位授予制度特点
英国	3 年	MArch Part I	1 年*	对具有建筑学基础学位的人开放，同时也对非建筑背景的学生开放
		MArch Part II	2 年*	对具有 RIBA 认证的学生开放
法国	3 年	MArch	2 年	本科到硕士是个连续的过程，不同出口不同认证：3 年毕业获学士学位，5 年毕业获硕士学位； 课程设置不区分研究型和专业型，学位论文决定学位类型
德国	4 年 B. Arch	MArch	2 年	教学和研究在教学环节中相结合； 入学条件是建筑学本科毕业并通过学院的测试
美国	5 年 B. Arch	M. Arch II	1.5 年	五年制建筑本科毕业即具备参加注册建筑师考试资格； 五年制建筑本科者，第二职业学位（建筑硕士 M.Arch II）学制 1.5 年
	4 年 B.A／B.S in Arch	M. Arch I	2.5 年	应对四年制建筑本科，修完第一职业学位建筑硕士（M. Arch I）后具备参加注册建筑师考试资格
	4 年 B.A／B.S	M. Arch I	3.5 年	应对其他专业本科者，修完第一职业学位建筑硕士（M. Arch I）后具备参加注册建筑师考试资格

＊英国建筑院校要求学生入学前必须有一年的专业实践。

目前，我院招收的建筑学硕士研究生的本科学习背景主要有以下三种情况：

（1）毕业院校通过本科专业教育评估，获得建筑学学士学位的生源；

（2）五年制建筑学专业学习，毕业院校未通过本科专业教育评估，获得工学学士学位的生源（为了避免分类过多而增加学籍管理上的难度，我院将本科五年制城市规划、风景园

林专业的毕业生也划归此类）；

（3）本科四年制跨专业的生源。

针对上述不同的本科生源情况，《全国高等学校建筑学专业教育评估文件》中已有明确规定："已在建筑学专业毕业获得学士学位，并在已通过建筑设计及其理论专业评估的建筑设计及其理论专业硕士点毕业者，由国务院学位委员会授予建筑学硕士学位。已获非建筑学专业学士学位，并在已通过评估的建筑设计及其理论专业硕士点修满学分，同时须补修建筑学专业学士学位有关必修课程（具体课目视学生的原有专业学习状况而定，但不含研究生入学考试的科目），并取得学分者，由国务院学位委员会授予建筑学硕士学位[6]。"也就是说，通过增加先修课程的培养环节，可以实现本科非建筑学学士学位的学生获得建筑学硕士学位的目的。

结合《中长期教育规划纲要》中"推进和完善学分制，实行弹性学制"的原则，并参考和借鉴与我国建筑学专业教育体系最为接近而又同为《堪培拉协议》签署国的美国建筑教育体系，我院确定了具有弹性学制的专业学位培养制度，来满足不同生源的建筑学硕士专业教育：

（1）本科五年制建筑学专业学位的生源，学制为 2.5 年，需修满 27 学分；此学制和学分与原学术学位硕士研究生相同，与国际同类院校相比则稍长，预计以后将做调整；

（2）本科五年制非专业学位以及相关学位的生源，学制为 2.5 年，需修满 29 学分（增修建筑设计Ⅲ）；

（3）本科四年制非建筑学专业的生源，学制为 3 年，需修满 34 学分【先行补修本科专业课程Ⅰ（建筑设计类）、本科专业课程Ⅱ（设计原理类），并增修建筑设计Ⅲ）】。

3. 主干课程的强化

实践性强是建筑学的专业特质，故作为培养执业建筑师的课程体系应以设计训练作为主干课程，与相关理论课程共同构成完整的课程体系。设计主干课程的学分在总学分中所占比重，反映了专业学位实践性的分量。通过对国内外知名建筑院校课程体系学分构成进行统计分析，发现我国建筑学硕士研究生培养方案中设计类课程比重普遍偏低（图2）。

学校	学制	总学分	毕业设计学分	设计课学分	设计课比重
哈佛大学	1.5年	60	12	24	50.0%
耶鲁大学	2.0年	72	——	36	50.0%
代尔夫特理工	2.0年	120	30	39	43.4%
墨尔本大学	2.0年	200	25	75	42.9%
麦吉尔大学	2.0年	45	——	18	40.0%
香港大学	2.0年	96	30	30	45.5%
东南大学	2.5~3年	28	——	7	25.0%
同济大学	2.5~3年	32	——	4	12.5%
天津大学	2.5~3年	27	——	6	22.2%

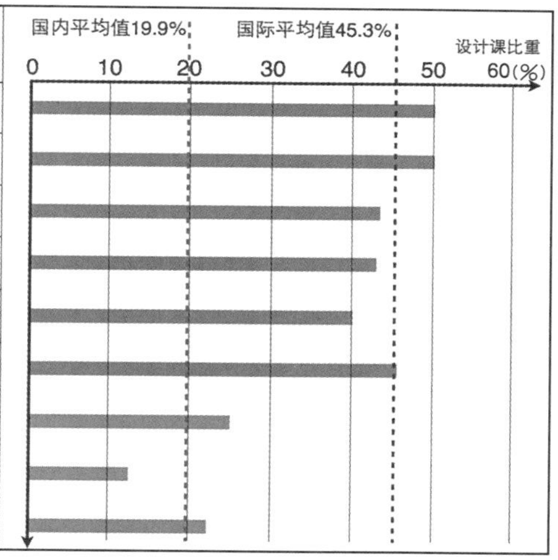

图2　国内外建筑院校建筑学硕士培养方案中设计课学分比重统计比较

图中的统计数据主要来源于各校官方网站，选取与我国学制年限相对接近的 1.5 年或 2 年制的建筑院校来进行比较分析；另外，国外院校培养方案中，毕业设计是大学分的设计类课程，而国内院校培养方案中与之对应的学位论文却无学分规定，因此在设计课学分比例计算中，均将此部分学分去除，以保证比较标准的同一性。

从统计数据可见，在建筑学专业硕士的培养方案上，国际通行的做法是设计类课程占总学分的比重很大，平均值达 45.3%；而国内院校由于专业学位硕士研究生的培养方案脱胎于学术学位的培养方案，设计课所占比例平均值仅为 19.9%，二者相差很大。由于前述比较中扣除了国外建筑院校培养方案中的毕业设计环节，较之我国建筑院校通行的毕业论文，实际的设计类主干课程的比重差距应该更大。

针对上述情况，同时也避免改动过大造成理解和实施上的难度，我院采取了一种审慎的调整措施。除上述非建筑学学士的学生需要补修一定学分的设计课程外，还要求所有的学生增加由企业导师指导的实践类必修课程，即"工程应用实践及实验技能"，以加大设计类主干课程的比重。同时鼓励和引导指导教师和学生以建筑设计作为结业考核方式。

4. 课程体系的梳理

《建筑学硕士评估标准》中关于专业教育质量的基本要求,包括建筑设计理论,建筑技术,建筑设计实践,建筑师执业能力以及研究能力与方法,计算机辅助建筑设计能力的培养等内容;《堪培拉协议》则要求在开设相关课程时考虑:教育学生要对人文、社会、文化、城市、建筑、环境价值以及建筑遗产负责,实现生态可持续设计,环境保护与复苏相关方法的充足知识;在全面理解本学科以及与建筑相关的施工方法基础上,培养学生在建筑技术方面的创造性能力;项目财务、项目管理、成本控制以及项目实施方法的重组之时,把研究方法的训练作为建筑学习的内在组成部分。综合所述要求,我院将建筑学硕士专业学位研究生培养方案做了如下梳理和设定:

除公共学位课外,专业课程分为学位课、必修课、选修课三部分。基于对以上两个上位指导文件的响应,专业学位课包含建筑理论类与建筑设计类的课程;必修课涵盖技术类、管理类、实践类等与建筑师执业相衔接的课程;选修课的设定与我院主体科研方向相一致,分为可持续发展建筑、建筑遗产研究与保护、人居环境、建筑设计理论与方法等四个课程模块,以满足学生不同发展方向的学习要求（表2）。

天津大学建筑学硕士专业学位研究生培养方案课程体系　　　　表2

课程组 / 学分		课程示例
公共学位课 5 学分	马克思主义理论课 / 3学分	
	第一外国语 / 2学分	
学位课　专业学位课 8/10/15 学分	哲学类课程 / 1学分	中国建筑文化概论
	方法类课程 / 1学分	建筑研究方法论
	设计类课程 / 6学分	建筑设计 I 建筑设计 II
	补修课程 I * / 2学分	建筑设计 III
	补修课程 II **/5学分	本科建筑设计类专业课程
		本科设计原理类专业课程
必修课 8 学分	技术类课程 / 2学分	建筑技术与生态建筑策略
	管理类课程 / 2学分	建筑师执业技能
	实践类课程 / 3学分	工程应用实践及实验技能
	学术报告 / 1学分	开题报告 / 学术报告
选修课 6 学分	选修方向 I：可持续发展建筑	环境科学、太阳能建筑等
	选修方向 II：建筑遗产研究与保护	宋营造法式、建筑遗产保护等
	选修方向 III：人居环境	人居环境、居住行为与居住空间的社会学解析等
	选修方向 IV：建筑设计理论与方法	建筑类型学、建筑设计分析与评论等

* 补修课程 I 为本科五年制非专业学位及相关专业学位学生补修,以及本科为四年制跨专业学生补修。
** 补修课程 II 为本科四年制跨专业学生补修。

三、其他相关教学内容和方式的调整

考虑到历史的惯性因素,我院对于培养方案的调整和实施采取一种审慎的渐进式措施,既要满足《专业学位发展方案》的要求,又要达到建筑学硕士学位研究生的教育评估标准,同时还要避免对于已有的教学秩序造成过大的冲击。

1. 关于入学考试方式

《专业学位发展方案》中要求"对学术型和专业学位研究生招生，采取'分类报名考试、分别标准录取'的方式进行，按照'科目对应、分值相等、内容区别'的原则设置专业学位研究生招生考试科目和内容。"我院对于学术学位和专业学位研究生的入学考试自 2012 级开始已采取"分类报名考试、分别标准录取"的方式，经过两年多的宣传和实施，考生已基本弄清楚二者的关系和区别，逐渐导向对于专业学位的认同。但目前二者的考试内容还区别不大，将来还要根据培养目标的要求适时调整。

2. 关于实践基地和企业导师

《中长期教育规划纲要》和《专业学位发展方案》中都要求创立与行业企业联合培养人才的机制，建立多种形式的企业实践基地，实行"双导师制"。目前，我院已与国内三家著名建筑设计单位建立了"建筑学全日制专业学位研究生实践教学基地"，并聘任了 30 余名企业导师。已有企业导师承担专业学位研究生的学位课（如建筑师执业技能等）和设计课的教学工作。2012 级研究生已全员进入实践教学基地跟随企业导师进行为期半年的"工程应用实践及实验技能"课程学习。但这种新型的教学方式最终效果如何还需进一步总结和完善。

3. 关于毕业论文

学术学位和专业学位研究生最明显的区别就是毕业考核方式。原来的硕士研究生培养模式是学术型人才的培养模式，都以学位论文作为毕业考核的方式。根据《专业学位发展方案》的要求，以应用型人才培养为目标的专业学位研究生的学位论文鼓励采用规划设计的方式，而且要求突出应用导向。《建筑学硕士评估标准》对于学位论文（研究性设计或论文）的要求也提出："论文选题内容，宜是与实际相结合的研究课题，或选择中等复杂程度的实际工程；并能综合运用各学科的理论和方法，解决设计实践中的问题。"但在具体的操作过程中，由于设计论文（或毕业设计）与学术论文相比还是个新生事物，在选题价值、设计深度、评价标准等方面都还未有成功的先例可做借鉴。因此，我院暂行设计论文与学位论文并行的模式，但要求论文选题必须来源于社会实践或工作实际中的现实问题，有明确的实践意义和应用价值。

综上，无论建筑学硕士专业学位研究生培养方案还是其他相关教学内容和方式的调整，皆立足于与上位指导文件的对接，契合专业教育的评估要求并与国际专业学位的教学体系接轨，进而尝试探索一种符合自己国情和校情的建筑学硕士专业学位研究生教育模式。

（本文写作得到了张睿、周凤仪、马洁芳、薛文博、运宏、郑昕宇等人的帮助，特表感谢）

注释：

[1] 国务院学位委员会《硕士、博士专业学位研究生教育发展总体方案》（学位 [2010]49 号）
[2] 教育部《关于做好 2009 年全日制专业学位硕士研究生招生计划安排工作的通知》（教发 [2009]6 号）附件 1：2009 年招收全日制硕士研究生的专业学位类别、专业（领域）代码表
[3] 建筑学专业教育评估委员会《全国高等学校建筑学硕士学位研究生教育评估标准》2011 版
[4] 建筑学专业教育评估委员会《全国高等学校建筑学专业教育评估委员会章程》2003 版
[5] 国务院学位委员会《硕士、博士专业学位研究生教育发展总体方案》（学位 [2010]49 号）
[6] 建筑学专业教育评估委员会《全国高等学校建筑学专业教育评估文件》（2003 版）附件五《全国高等学校建筑学硕士学位研究生教育评估程序与方法》

作者：宋昆，天津大学建筑学院　教授；
赵建波，天津大学建筑学院　教授.

专栏

国外建筑学博士教育

Architecture Doctoral Education Abroad

专栏主持　刘亦师

综述

中国近代以来的留学运动是我国思想史和文化史研究中的重要课题。留学是教育的一种，教育又是文化的一脉，留学生出洋求学的自然过程决定了他们必然是中西文化的载体。在"西学东渐"的影响下，几代留学生努力变更思想、提倡科学、加强中外文化交流，对促进我国现代学科体系在 20 世纪初的逐步形成，与力大焉。

中国现代意义上的建筑学科的创立与发展更是如此。20 世纪 20 年代建筑学留学生学成归来，伐山开辟，在研究、教育和实践领域这三方面，均发挥了关键作用。举其荦荦大者言之，我国的第一位开业建筑师庄俊（留美），中山陵的设计人吕彦直（留美），基泰、华盖等著名事务所的创始人如杨廷宝（留美）、童寯（留美）等人，均是我国第一代建筑师中的翘楚；营造学社的两位领袖——梁思成（留美）、刘敦桢（留日），开创了我国建筑史学研究的领域，其基本结论和研究范式沿用至今。此外，几乎所有近代大学建筑系的创建者都有留学海外的背景。

时至今日，建筑学和城市研究早已超出"形（Form）"的追求，而渗入人文和社科诸领域，跨学科研究势在必行。在这一大背景下，近年来从欧美和日本获博士学位的一批学者陆续回国，成为建筑院校的新生力量。本专栏邀请在美国、欧洲和东亚三个国家和地区的 7 位年轻学者撰文，介绍他们各自在国外大学博士阶段的学术经历及亲身感受。可见，虽然地区之间、学校之间在学制、课程、考核等方面情形迥异，但有其共同点，一是外国的建筑学博士学位要求都很严格，其基本思想是认为博士要有广博的业务知识，不能只局限于自己专门研究的课题内容；二是 7 位年轻学者们都受过系统、严格的学术训练，对研究视野的扩张和研究方法的丰富感受最深，在学科建设、课程设置和教学方式上形成了自己的看法。

近代留学运动的奠基者容闳所提出的"以西方之学术，灌输与中国"，仍是新时代的留学生必须面对的问题。

"他山之石，可以攻玉"。假以时日，中国的建筑学博士教育可盼开始若干探索与尝试，形成中国的特色；同时教学相长，产生一批世界一流的学术成果。

加州伯克利大学 Sather Tower 傍晚

美国高校建筑学博士教育综论

刘亦师

Doctoral Education in Schools
of Architecture in the United
States of America

■摘要：回顾美国建筑学博士教育的发展历程，论述不同院校的博士教育理念、侧重点、课程设置及培养阶段等各个方面，文章结论体现了美国建筑学博士教育的自主性与多样性，但学术研究在各校的博士教育中均占重要地位。文章还以伯克利加州大学为例，详述建筑学博士的培养，其研讨课方式及跨学科研究方法等方面值得我国建筑院校博士教育借鉴。
■关键词：美国　建筑学　博士教育　研讨课　跨学科研究

Abstract：Reviewing the development of doctoral programs in schools of architecture in the US since the 1960s, this paper looks into the orientation, curriculum, and phases of several architectural programs of American prestigious universities. These programs are distinctly featured by autonomy and diversity, while architectural research has been put on the focus of all programs. The doctoral programs in architecture of the University of California at Berkeley is closely examined, proposing that seminar—style teaching and inter—disciplinary approach should be carefully studied as reference for the Chinese counterparts in doctoral education in architecture.
Key words：America；architecture；doctoral education；seminar；inter—disciplinary approach

现代意义上的博士教育诞生于19世纪初的德国柏林大学。柏林大学将科学研究作为一项重要职能，将增扩人类的知识和培养科学研究人员作为基本目标，推崇"学术自由"和"教学与研究的统一"，并在大学发展的历史上首次由哲学院授予哲学博士学位（Ph.D.）。哲学博士学位的设立标志着现代博士教育的开端。

美国的博士教育是受德国影响的直接结果。但美国人脱离了德国崇尚"纯科学"研究的传统，并重基础研究与应用研究，同时培养注重理论研究的科研人才和培养应用研究人才，形成了美国博士教育的新模式[1]。1860年，耶鲁大学率先设立哲学博士学位；1876年，约翰·霍普金斯大学创立了美国第一个以培养博士生为使命的研究生院，成为博士生教育形成的标志，也是美国博士教育发展的一个里程碑[2]。自第二次世界大战以后，美国博士生教育得到了蓬勃的发展，并成为世界各国力求借鉴和仿效的范例。

美国的建筑学博士教育肇始于 20 世纪 60 年代。本文选取创办历史较悠久、培养方式较有特色的几所著名大学，综论美国建筑学博士教育的概貌，介绍其主要特征。而这种高质量的博士教育体系和多样性的博士培养模式，也能对中国建筑学博士教育的改革、确立适合中国国情的培养模式起到有益的借鉴作用。

美国建筑学博士教育的基本状况及主要特点

美国的博士学位是大学授予的最高学位，包括研究性博士学位和专业性博士学位两种类别。研究性博士学位（Research Doctorate）是一种学术性的学位，无论哪一学科，获得该学位者均称为哲学博士（Ph.D.），在 19 世纪上半叶由德国将这一概念介绍到美国。此外，20 世纪初美国大学的一些应用学科如教育、法律、医药等，除了授予哲学博士学位外，也开始授予专业博士学位（Professional Doctorate）。因此，有着很强实践性的建筑学教育也逐渐形成了哲学博士学位与专业博士学位并行的格局。

根据我国建筑学博士培养的实际，本文着重论述美国研究性博士学位的情况。

一、美国建筑学博士教育的缘起及发展

美国最早的建筑学院是于 1865 年在 MIT 创设的，引入了法国学院派鲍扎艺术（the Ecole des Beaux-Arts）的教育体系。这种通过重视美术、构图等训练来掌握古典主义设计的原则，并强调对历史题材的学习和摹仿的教学方式，逐渐成为美国早期的建筑院校所普遍采取的模式，直到 1920 年代仍占统治地位。

两次大战期间，移居美国的格罗皮乌斯（Walter Gropius）将现代主义的教学模式带到美国，并于 1937 年为哈佛设计学院（Graduate School of Design）重新制定了建筑学的教学计划。新的教学大纲力主与传统的教学模式和历史上的建筑形式决裂，并删除了建筑历史等课程。这种思想迅即彻底改变了美国高校的建筑教育，高度重视对学生的创造力、个性的培养和进行严格的工程方面的训练，但有意忽视对建筑所处环境和历史的学习。相对前一阶段鲍扎教育的刻板，现代主义全盛时期（High Modernism）的建筑教育同样显得矫枉过正了。

1960 年代兴起的后现代主义思潮，不仅对现代主义日渐僵化的设计原则进行了系统的反思和批判，建筑教育领域也相应地产生了一系列变化。1959 年，在维斯特夫人（Catherine B. Wurster）"跨学科教育"的主张下，新成立的伯克利加州大学环境设计学院开设了社会学课程，讨论社会、经济、政治等因素与建筑空间的关系，开风气之先，奠定了此后伯克利建筑研究的学术传统。1962 年，科林·罗（Colin Rowe）在康奈尔大学开设了新的城市设计学位，在教学中强调历史研究和比较研究对设计课的重要作用 [3]。1966 年文丘里（Robert Venturi）出版了《建筑的复杂性与矛盾性》，成为后现代主义建筑设计的重要理论著作，使历史研究在建筑教育中的地位大为提高。

随后，1973 年发生了第一次能源危机，美国经济在之后的较长时间内增长乏力，建设量较战后的 50、60 年代大幅减少。这种大环境也促使一部分建筑学者将主要的精力从事著书立说，加大了对建筑理论和历史研究的投入，从而间接地促成了不少建筑院校在这一时期开设建筑学博士教育。

在科林·罗等人的倡导下，康奈尔大学于 1961 年就曾尝试在建筑学院内开展建筑学博士教育，至 1960 年代末终于获得哲学博士学位的授予权。科林·罗曾长期担任康奈尔大学建筑学博士委员会主席。

宾夕法尼亚大学建筑学院在 1920 年代曾是美国鲍扎式教育的翘楚，在 60 年代时因其教授团队中包括了当时世界一流的著名建筑师，如路易·康（Louis Kahn）、埃德蒙·培根（Edmund Bacon）、文丘里等，而他们都重视历史研究对设计实践的指导意义，因此，宾夕法尼亚大学从 1964 年即开始招收建筑学博士，是美国建筑院校中最早设立博士学位的高校。宾大建筑系教授虽然各有专长，但其共同的特征是都曾受过建筑学的专业训练，且很多是开业建筑师，这也决定了宾大建筑博士教育强调研究与设计实践相结合 [4]。

伯克利加州大学的建筑研究历来强调社会因素的影响，在几位著名的建筑学者如哈希德（Sami Hassid）、亚历山大（Christopher Alexander）和科斯托夫（Spiro Kostof）的倡导下，于 1968 年在建筑系内正式设立了博士课程。由于地处西海岸的旧金山湾区且在 1960 年代成为一系列社会改良运动的中心，伯克利的学生背景历来具有多样性，建筑系的学生来自世界各个国家的不同族裔，在研究非西方的建筑与城市文化研究方面占有优势，并沿承了伯克利

图 1 弗吉尼亚大学校园

跨学科研究的传统，逐渐形成了较完整的教育体系。伯克利的建筑学博士培养模式也被其他院校所采用，如西雅图华盛顿大学及布林茅尔学院 (Bryn Mawr College) [5]。

弗吉尼亚大学的建筑学院创办于 1950 年代，其特色在于单独设立了建筑史系并授予建筑史学士及硕士学位。弗吉尼亚大学以研究殖民地时代的美国建筑及其保护著称，其建筑史系历史悠久，曾积极参与了杰弗逊总统的蒙特卡洛别墅的修缮和维护，在美国的建筑学研究中独具特色，后又聘请乌普顿 (Dell Upton) 等优秀的乡土建筑学家，于 1989 年开设了博士课程。弗吉尼亚大学的建筑史哲学博士学位目前由文理学院授予，现在正积极筹措划归建筑学院管理[6] (图 1)。

美国东海岸常春藤联盟大学的建筑学院大多陆续设置了博士课程。普林斯顿大学建筑系开设博士课程时间较早，1965 年即开始招生，其早期的教授团成员包括维德勒 (Anthony Vidler)、科洪 (Alan Colquhoun)、弗兰姆普敦 (Kenneth Frampton) 等，这些学者都是研究西方建筑，尤其是 20 世纪以来的现代建筑史的专家，这也决定了普林斯顿建筑学博士办学的方向。

哈佛大学的建筑学哲学博士教育在早年间断断续续地进行，毕业生中声名卓著者如《模式语言》的作者亚历山大 (1963 年)，但直到 1980 年代中期，博士教学才逐渐被固定下来。设计学院 (GSD) 曾一度管理哲学博士的相关工作，但 90 年代初创立设计博士 (Doctor of Design) 后，哲学博士学位改由文理学院 (GSAS) 授予。哈佛的设计博士属于专业博士学位，在课程设置、培养模式等方面与哲学博士有所差别，但设置两种不同学位有助于研究和设计实践的相互启发，并且长期以来两种不同学位的学术委员会主席均为同一教授担任 (现为著名建筑论家 K.Michael Hays)。相比常春藤的另两所大学普林斯顿和 MIT，哈佛的建筑学博士生似乎更注意将其研究与设计实践的结合[7]。

MIT 的建筑学博士教育开始于 1974 年，在创设之初即确定了要以研究建筑及其整体环境为对象，即探讨建筑思想、建筑技术及社会、城市等因素对建筑空间形成的影响。这种重视非物质因素的研究方法与伯克利类似。MIT 的建筑博士教育又名"历史、理论及建筑评论"(HTC)，研究内容还包括艺术评论和环境形态。由于 MIT 和哈佛大学相毗邻，两校鼓励博士生充分交流，相互承认对方学校选修的学分，并在常春藤大学间轮流举办研讨会，使博士生在各种场合报告其研究进度，并获得和同行交流的机会[8]。

另一所常青藤大学哥伦比亚大学一直是研究美国建筑历史与保护的重镇，该校拥有丰富的藏书和资料。1994 年在建筑学院独立开设了博士课程，创建时的指导教授包括倡导批判地域主义的弗兰姆普敦、建筑理论家玛丽·麦克利尔德 (Mary McLeod) 及兼治欧洲与美国建筑史的关德琳·莱特 (Gwendolyn Wright) 等。其中麦克利尔德倡导以女性主义和结构主义等不同视角解读建筑空间，而莱特以研究 20 世纪初的法国殖民地城市与建筑成名[9]。哥伦比亚大学建筑学院教授的研究方向广泛，并曾招收过一些韩国和日本的博士生，拓展了对亚洲城市和建筑的研究。

此外，耶鲁大学虽然未开设建筑学博士课程，但其艺术史系涵盖了建筑历史的研究方向，教学质量之高在全美允称第一，培养出像文森特·斯卡利 (Vincent Scully)、诺玛·伊文森 (Norma Evenson)、斯皮罗·科斯托夫 (Spiro Kostof) 等大师，对各大院校创立建筑学博士学位起到了重要作用。同时，耶鲁大学历来注重档案与艺术品的收藏，保存着与中国近代建筑研究相关的大宗基督教会档案，吸引了大批学者访问交流。

二、美国建筑学博士的培养程序及内容

美国的建筑学博士教育主要由三部分构成。第一阶段是课程学习。美国的博士学位制度非常重视选修大量的课程，这是与英国等欧洲传统博士教育制度的最大不同之处。大约两年左右的课程学习旨在帮助学生获得从事研究工作、准备毕业论文所必需的学科知识基础，并训练学生运用适当的原理和方法来认识、理解建筑学最前沿的知识和评价有争议问题的能力。

研讨课（Seminar）是美国大学博士生课程的主要教学形式。美国吸收了19世纪德国的经验，把讨论班作为培养博士生掌握学术研究技能和方法的主要方法。研讨班之人文、社会科学研究与研讨班自身的关系，同实验室在自然科学研究中的重要性相当。约翰·霍普金斯大学的前任校长曾这样解释"研讨课"制度："教授在研讨课上围绕着研究的主题和要求，给为数不多的一群学生讲课。……年轻的学生因此能够亲自体察前辈学者是如何开展研究，并逐渐掌握这种治学的方法。"

开办研讨课的教授一般都对建筑学领域的某些课题进行过深入研究，拟出教学大纲将这些课题串接在一起，并开列包括经典文献及最新进展的参考书目。不管选修哪种课程，课前阅读教授提供的参考书目，准备课堂讨论都是最基本的要求。这样，教授在研讨班上往往只需提纲挈领地简述相关研究的概貌，再由学生互相发问并共同讨论，最后再做综述[10]。因此，研讨课对掌握基本的研究方法、了解研究领域的全貌，以及教师和学生间相互启发具有重要作用。研讨课一般会要求学生对每个专题写一篇论文，期末再提交一篇质量更高的课程论文。这种严格的学术训练培养出了一代代年轻学者。

建筑学博士教育的第二阶段是博士资格考试（Qualifying Exam），在完成课程修习后进行。资格考试由笔试和口试两部分组成。不同的大学对博士资格考试的具体要求各不相同。如弗吉尼亚大学的笔试部分由四位指导教授各出一题，共有四道大题，均为20页左右的论文，每道题限定在一个礼拜的时间完成；口试则由四位教授就专业知识提问，其中一项重要内容为讨论学生提交的博士论文提纲[11]。而伯克利的笔试部分由两道大题组成，口语考试则由五位教授组成，提问范围反而尽量少地涉及学生的博士论题，而考查其对整个领域知识的掌握程度。通过资格考试的博士生成为"博士候选人"（Ph.D. Candidate），获准进入博士论文写作阶段。而没有通过资格考试（通常有两次机会）的学生将被淘汰，往往以获得硕士学位结束其学习生涯。

第三阶段是学位论文工作，包括准备最后的考试和答辩。博士候选人通常用2年以上的时间收集素材，重新调整论文大纲（有些时候新的大纲甚至选题与资格考试时都截然不同），并完成论文的撰写。博士论文指导委员会由导师与博士候选人研究课题相关的3~4位教授组成。有些大学不举行论文答辩仪式，博士生的论文经评审委员会全体成员的签名认可即为通过。

可见，美国的建筑学博士教育从招生、选择导师、制定博士生培养计划、课程修习、中期考试到论文写作与论文答辩等均有规范性的要求，整个培养过程体现了很强规范性。在培养过程中强调了课程学习，普遍采用了研讨班这种教学形式，既注重个人研究能力的培养，也注重集体工作意识和能力的提高。同时，不同大学的博士培养过程也不尽相同，每所大学都可有自己的规定，具有丰富的多样性。规范性与多样性相结合，形成了特色鲜明的美国建筑学博士教育体系。

三、美国建筑学博士教育的主要特点

首先，大体而言，美国建筑学博士的教育重心主要可分为两大类：即以伯克利和MIT为代表的，侧重于将研究扩张到社会、政治等建筑形体以外的因素；以宾大、哈佛为代表的，侧重于将建筑学研究与设计实践相结合。

其次，美国大学都十分珍视各自的学术传统，注意扬长避短，因此体现了建筑学博士教育丰富的多样性。如伊利诺伊大学是美国中部地区培养建筑师的重要院校，其建筑学院有着悠久历史，与芝加哥学派（社会学）、草原住宅等思潮和运动密切相关，历来支持发扬学生的创造性和个性。因此，在其博士教育中，指导委员会会针对学生的教育背景和兴趣爱好，选取与设计实践相关的课题开展博士研究。

另外，各校在招生原则、导师制度、培养计划、博士论文的要求等方面都形成了各自的特色，充分体现了博士办学的自主性。每所院校皆注意发挥研究上的优势，在录取新生时就会针对申请人所提出的研究计划认真筛选。例如普林斯顿的优势在西方建筑史的研究，而伯克利的非西方城市和建筑研究则在美国首屈一指。所以每所建筑院校都会以优厚的奖学金吸引与本校研究特长一致的学生，使其研究成果扩充该校的研究领域，达到教学相长的目的。

同时，很多院校按照教授们的教学主张和专长制定了不同的培养模式。以非常重视政治、社会等非物质因素的伯克利和MIT为例：在伯克利，由于跨学科研究的主张贯穿着整个博士教育过程，建筑系的博士生必须到外系（如地理系、人类学系等）广泛地选修课程；而MIT的博士课程则全由本系教授担任，体现了博士教育中不同院校在教学和管理上的多样性和自主性。

其三，不同的建筑院校虽然研究的侧重不一样，但无一例外地将建筑学研究放在重要位置。建筑学研究是以扩充建筑学知识为目的的、有系

统的调查研究，通过模拟实验或缜密的逻辑推论，"贯穿于博士论文写作和建筑学院博士教学的全过程，它的目的是更好地理解建筑所置身的环境中的各种自然和人为因素"。建筑学研究的内容包括研究建筑和城市的历史，讨论建筑与外部环境的相互关系，评价建筑教育和实践的社会职能等，体现建筑思想的变迁和技术方法的更新。建筑学研究是探索未知的事物和现象，与一般的设计报告截然不同，强调原创性。因此，以研究为中心的建筑学博士教育也因此决定了在课程设置中安排了大量的讨论课讲授学术史和方法论。

其四，建筑学博士教育和美国其他专业类似，在培养博士过程中都非常重视课程修习。在学科设置较全的大学，如伯克利、哈佛等，非常鼓励学生到外系广泛选课，了解相关学科的最新进展，学习它们的研究方法，为开展跨学科研究奠定基础。

讨论班是建筑学博士课程的主要形式，重视文献阅读和课堂上的交流讨论，旨在全面了解本领域的学术发展和掌握学科前沿动态。大部分建筑院校都要求博士生在前两年到三年广泛选修课程，掌握研究方法，确定研究课题。选修课程、完成教授布置的各种任务、撰写期末论文，这些训练能让博士生掌握整套的学术规则，从研究的"爱好者"转变成专业"学者"。

其五，博士生培养过程中实行了严格的资格考试及淘汰制度。资格考试是在选修完课程之后对博士生的一次全面考核，考试方式和时长因不同学校而异。通过资格考试才能进入博士论文的写作阶段。资格考试内容涉及范围广泛，要求严格，学生需要为考试作长期的准备，不仅要掌握好专业知识，且需拓展知识面，了解相关学科的知识。这是保证博士生培养质量的重要途径。

美国的建筑学博士教育以培养学生的研究创新能力为核心，着重扩充学生的学术视野和研究方法，培养其学术敏感。博士教育的重点一为广泛地选修课程，二为资格考试，三为博士论文的撰写，与培养程序及其主要内容相一致。大多数院校不要求博士在读期间必须刊发一定数量的论文。这也说明了建筑学博士教育的目的在于培育研究人员，使其在未来对本领域的知识做出贡献，而无需用短期的量化指标进行评价。

四、伯克利加州大学建筑学博士的培养模式

以上简述了美国建筑学博士教育的历史发展、培养目标、指导方式及组织管理等等，体现了各校培养博士的自主性和多样性。下文以加州伯克利大学建筑系的博士培养模式为例，再略作阐发。

（一）研究方向及办学特点

加州伯克利大学因其学科设置齐全、教授阵

容整齐，近十余年来其博士生教育的全美综合排名都在第一[12]。伯克利的建筑学博士教育创办于1968年，最初包括四个研究方向：(1) 建筑设计理论及方法，由克里斯托弗·亚历山大和霍斯特·里特尔 (Horst Rittel) 担任指导教授，1960～1970年代，他们在声望最盛时连续出版了一系列专著，影响至今不衰[13]；(2) 建筑科学，研究建筑物理环境和可持续性建筑设计，因与伯克利劳伦斯实验室等开展了多种合作，是绿色节能研究方面的重镇；(3) 行为科学，后改称"社会与文化影响"，是伯克利建筑系提倡学科交叉、积极融合社会学等其他学科的体现；(4) 建筑历史与城市史。建筑史家斯皮罗·科斯托夫 (Spiro Kostof) 是伯克利建筑系博士课程创办者之一，主张"一切过去的构筑物都值得研究，……考察物质形式以外的那些因素对于全面理解一幢建筑物是密不可分的"。他和早期的几位建筑史教授都非常关注城市生活和城市史，形成了伯克利建筑系重视城市研究的传统。

20世纪80年代以降，质疑西方中心主义的后殖民主义逐渐成为建筑学界的一种潮流。那一时期学者们竞相"重写西方建筑史而使其成为全球建筑史"，并将研究范围向"草根"、"日常"扩展，由此产生的一批著作其影响力至今不衰。这一时期，学术视线继续下移，同时社会科学的理论与方法更多地介入到殖民地城市建筑史的研究中，跨学科研究成为这一领域的范式。其中，加州伯克利大学建筑系的斯皮罗·科斯托夫和规划系的曼纽尔·卡斯特尔 (Manuel Castell) 为其佼佼者，二人的多本专著至今是美国诸多院校（不惟建筑系）的经典读物。

1980年代以来，美国加州大学伯克利分校在研究"非西方"和"主流之外"的现代主义的诸多领域取得显著成就。伯克利建筑系最具权威、成果最丰的领域是关于殖民地城市和建筑研究。建筑领域的殖民主义研究兴起于20世纪70年代，集中于探讨欧洲殖民地的城市建设和社会变迁，涉及文化政策、种族政策、城市规划史、建筑师及其作品等等。在殖民主义城市和建筑的研究方面，尼扎·阿瑟亚德 (Nezar AlSayyad) 的专著以阿拉伯帝国在中东等地的殖民扩张为题，研究受伊斯兰教影响的大马士革、巴比伦、开罗等城市空间的重塑。阿瑟亚德留伯克利任教后三十年间所指导的学生，其博士论文（后经正式出版）多以原西方殖民地城市研究为题[14]，这些专著基本上形成了研究殖民主义城市空间和建筑的重要范式。

乡土建筑是伯克利建筑系博士研究的另一强项[15]。这一传统同样得益于跨学科研究，受到人文地理学的影响尤其巨大，关注与美国城市文化相关的建筑类型，如电影院、汽车旅馆、美国快餐馆等，研究其与城市景观和社会变迁的关联。

相比传统的建筑史研究，它们在对象和方法上均有拓展，研究方法更接近人类学和地理学。

自1950年代建筑系重建以来，系内教授对非西方建筑和城市就一直保持着浓厚兴趣，参与了各种项目或本身就来自非西方国家[16]。1988年，阿瑟亚德（Nezar AlSayyad）成为伯克利建筑系教员，与人类学家让－保罗·布迪厄（Jean-Paul Bourdier）共同组建了国际传统建筑环境学会（International Association for the Study of Traditional Environment），致力于研究非西方城市与建筑文化，在组织上确立了伯克利建筑系非西方研究在美国的主导地位。此后阿瑟亚德担任博士生指导委员会主席，在原有的四个方向之外又建立了"发展中国家环境设计"这一新方向，招收了大批来自第三世界国家的学生[17]。

同时，伯克利的科系设置之完备在全美允称第一，为各系所间开展跨学科研究提供了坚实基础。建筑学、城市规划、区域研究、人类学、社会学、政治学等学科均在城市空间的研究上有所建树，形成以关注社会关系、消费方式、资本流动及全球化关系为特征的"伯克利学派"。其关注的内容不止限于空间的形式分析，而旨在探求形式背后的制度、社会、文化等动因，以及人与物质空间的复杂的互动关系。

伯克利建筑系的博士教育最有特色的一点，即在跨学科研究的办学方针下，建筑系要求学生必须至少到两个外系选修课程，力求补充建筑研究的方法和视野，与外系教授充分交流，邀请其加入他的博士资格考试指导委员会[18]。伯克利的其他专业如历史、社会学等，仅要求一个外系辅修方向（minor），唯独建筑系要求有两个辅修方向。建筑系的这种严格要求，不但在伯克利，在全美国的博士教育中也属罕见，贯彻了跨越学科研究的主张。

（二）招生、导师制度及经费来源

伯克利建筑系目前仅设哲学博士学位，每年平均招收8~12名博士生，另外招收相同数量的科学硕士（Master of Science）。科学硕士在第二年底视其学习情况及意愿，可转入博士阶段的学习。每年招收的新生中，大约有一半是国际学生，来自世界各国，文化背景千差万别，博士课程因此带有非常鲜明的多样性特征，有利于学生形成开阔的国际视野。

伯克利建筑系采用的是导师与指导委员会相结合的制度。建筑系在入学前就鼓励博士生申请者和该方向的指导教授联系，因此在入学后的第一学期需确定其主导师。建筑系规定博士资格考试指导委员会（Exam Committee）由5名教授组成，其中三位为本系教授，由其主导师担任主席，

该博士生必须分别选修过这三位教授的研讨课，形成他的主修方向（major）；另两位分别来自其他两个外系，即他的两个辅修方向（minor）。资格考试通过后，由该博士生在其主导师以外选择2~3位教授，再组成博士论文指导委员会（Dissertation Committee）。

建筑系的博士导师组成博士生指导委员会（Ph.D. Committee），每学期举行2~3次会议，讨论不同的主题，如研究招生事项，学生的进展与提交的选修方向方案，检查研究计划的实施，审批研究经费等等。每年的5月份，博士生指导委员会会议还对每名博士生全年的学习和工作进展做出评价，提出建议和期望。

伯克利建筑系的经费并不充分。对于特别想要招收的新生，建筑系设立了较高的奖学金，减免第一年的学费和杂费，约25000美元。生活费则需博士生通过申请助教（Graduate Student Instructor）为本科生授课，或者充任教授某些科研项目的研究助手（Graduate Assistant）等方式解决。建筑系提供参与国际会议的旅差费，较高年级的建筑系学生可向本校的其他院系如研究生院、东亚研究院等机构申请与研究课题相关的经费，或向美国各种研究基金会申请资助。各种形式的资助基本上保证了博士生教育在经费上的总体需求。

（三）课程设置

研讨课是伯克利博士教育课程修习的主要形式，注重发挥学生的主动性，让学生自由探索和表达自己的观点，建筑系也不例外。建筑系要求所有博士生和科学硕士在第一学期必须选修一门方法论的课程（ARCH281），系统介绍研究的各种要素与方法。该课程布置了大量的阅读材料，且每周均有不同的作业，或绘制图表、或写书评、或设计调查问卷等，任务最为繁重。此后所有博士生还必须选修一门专门针对其研究方向的史学史及研究方法的课程（ARCH271），俾使掌握整个研究领域的历史与现状。伯克利开设了大量的课程，唯独这两门研讨课是建筑系博士生必修的[19]。

建筑系要求博士至少选修48个学分的研讨课（入学前已获硕士学位者可减免12学分），选修学分的半数在建筑系（主修方向），其余在外系（辅修方向）。博士生未受过建筑学专业训练者（即建筑学学士或硕士学位），还必须在第一学期选修一门设计课。建筑系的博士生导师各有其专长，在建筑设计方法论，非西方城市与建筑，全球化与建筑空间等研究方面均处于领先地位，开设了多种课程。

由于伯克利研究生院要求研究生每学期必须选修12学分，很多建筑系博士生在研讨课之外跟从其导师做"独立课题研究"，也算在正式的学分之内。

（四）资格考试

受伯克利的学术传统的影响，每门研讨课的阅读量非常大，一般博士生一个学期只能选修 2～3门研讨课，完成全部课程需要至少两年时间。之后经资格考试委员会的同意，确定考试时间，并与各位教授共同拟列一个约100本专著的书单（主修及两个辅修方向各约30本）。这些著作大部分在研讨课上已经有所了解，这时考生再用将近一个学期的时间系统阅读并复习资格考试。

伯克利建筑系的资格考试分为笔试和口试两部分。资格考试指导委员会的一位本系教授（非博士生的主导师）负责出笔试部分的考题，一般分为"研究领域"（Field）和"研究方法"（Method）两部分。"领域"题考查的重点是学生对整个研究领域（而非他自己研究的课题）的掌握，答题的原则是不得涉及其博士研究的内容，而必须用其他案例进行答题。"方法"题则考查学生对其他学科的了解情况，及举例说明对常见的研究方法如文献研究、比较研究、人类学调研法（ethnography）等运用的熟练程度。

这两道问题（答案各约20页）连同博士论文大纲装订在一起，形成笔试部分的答卷。经委员会中本系的三名教授审阅合格后，进入口试环节。口试一般长达4个小时左右，五名教授轮流发问，考试内容不局限于考生所修过的课程，而是对学科领域的全面性综合考查，有时也包括博士论文相关的问题。考生的口试表现经合议如获认可，则转为博士候选人，表明了该考生已通过了伯克利严格的课程训练，掌握了学术研究的基本技能，可以独立进行博士论文的研究与写作（图2）。用建筑系保罗·格罗斯（Paul Groth）教授的话说，通过资格考试之前博士生和指导教授"是师生关系，此后一变而为同行兼同事的关系。"

（五）博士论文的调研及撰写

通过资格考试后，每名学生可获得校方提供的奖学金，并免除学杂费等，经济情况大有好转，也能用更多的精力和时间进行博士论文的研究。建筑系要求每名学生必须到博士论文课题所在地进行半年到一年的实地调研，从当地的档案馆查阅、获取一手资料。由于资格考试所提出的论文大纲尚有不少凭空设想的成分在内，实地调研结束后，几乎所有学生的博士论文计划都有很大变化，改变研究课题的人也不在少数。伯克利鼓励这种从实地考察而来的改弦更张，这使重考据的论文调研成为博士培养的重要组成部分。

博士论文的撰写一般需要用2年以上的时间，其间还需参加各种专业会议，使同行了解最新的研究进展，获得同行的批评和建议。伯克利建筑系的博士生指导委员会主张博士学位论文旨在发展学生的学术能力，在做论文过程中，学生能发现重要的问题，锻炼多方面的研究技巧，培养高水平的问题解决能力——这些方面的学习和锻炼是博士论文的目的所在。所以，在博士论文撰写期间，要求学生与指导教授经常保持联系。同时，除了规定的每年一至两次向论文指导委员会的汇报和讨论外，一般博士生都希望能与指导委员会成员保持经常的接触，或者能同相关的同学讨论论文进展，从而理清思路、分析问题、触发灵感。

伯克利建筑系不要求博士生参加论文答辩，博士生只要把论文递交给博士论文指导委

图2 笔者通过资格考试后与导师团成员合影（自左下顺时针依次为地理系 You-tien Hsing 教授，建筑系 Greig Crysler 教授，历史系 Wen-hsin Yeh 教授，笔者，建筑系 Andy Shanken 教授，建筑系 Nezar AlSayyad 教授），2008 年

员会的三名教授审阅，只要获得所有成员签名认可即为通过，向研究生院提交了修订的博士论文后即可获得博士学位。

结语

美国不同高校的建筑学博士教育尊重自己特有的学术传统和教授们的研究方向，各展所长，充分发挥了自主管理的优势，体现了丰富的多样性。与欧洲模式注重研究相比，为了扩展必需的学科知识，美国的博士教育为学生开设了大量的课程，实行严格的导师制度和资格考试制度，延长了建筑学哲学博士学位的培养时间（5年以上），确保了博士教育的质量。同时，根据建筑学实践性强的特点，设置了专业博士学位（3～4年），两种教育方式并行，形成了研究型和专家型博士生培养的模式。

美国建筑学博士的整个培养过程体现出严格、规范、灵活的特点，都是值得我国建筑学博士教育借鉴的地方。我国的建筑学博士教育创办于1978年，目前的博士教育仍基本依靠导师个人指导，开设的博士生课程所涵盖的学科面不够广。美国高校所普遍采取的研讨课形式在国内的建筑院校尚不多见，博士生缺乏对学术研究的一些基本要素的深刻认识和研究方法上的系统训练。另外，国内的建筑院校并未从制度上确定跨学科研究的方针，没有充分注重与其他学科的交叉。在这一点上，伯克利建筑系为我们提供了极好的经验，为下一步开展教学改革指示了方向。

注释：

[1] 美国政府在引导高等教育发展方面也起到重要作用。美国国会于1862年颁布的《莫雷尔法案》（Morrill Land-Grant Act）要求除了开展实用技术教育，为美国培养应用型人才之外，还要求在发展实用技术学科的同时开展学术研究，促进了美国研究型大学的产生，从而间接推进了博士教育的发展。《莫雷尔法案》由"赠地"而开设农工院校，成为美国高等教育史上最早也是最重要的法案之一，对美国高等教育的发展产生了深远的影响。

[2] 1876年，约翰·霍普金斯大学的成立标志着博士生教育的正式形成及科研开始在大学中占据重要地位，约翰·霍普金斯大学也成为美国历史上第一所以研究生教育为主的学术性大学。其他高校的研究生教育，如哈佛大学、耶鲁大学等，几乎都是仿效约翰·霍普金斯大学研究生院的做法逐步发展起来的。当时正在兴起的公立学校，如加利福尼亚大学、威斯康星州立大学等，也纷纷开设了研究生课程，设立硕士、博士学位（参考文献[1]，第216～217页）。

[3] 科林·罗（1920～1999）是20世纪后半叶著名的建筑理论家和史学家，曾在德州奥斯汀大学任教，后长期在康奈尔大学建筑学院任教。罗在现代主义全盛时期的1950年代就主张用形式比较分析，提炼古典建筑的美学原则，并将其应用于现代设计，其早期论文"理想别墅的数学"是这一观点的反映。

[4] 感谢Kathleen Jams-Chakraborty教授接受访谈并提供了宾夕法尼亚大学建筑学院的博士教育情况。

[5] 感谢Andrew Shanken和Daniel Abramson教授接受访谈并分别提供了布林茅尔学院（Bryn Mawr College）的城市发展与城市结构系的建筑学研究生的培养情况和西雅图华盛顿大学建筑系博士生的培养情况。

[6] 感谢李士桥教授接受访谈并提供了弗吉尼亚大学建筑史系的博士教育情况。

[7] 三校的大部分建筑学博士生入学前都曾受过专业训练，获得过建筑学的学士或硕士学位。感谢Margaret Crawford教授接受访谈并提供了哈佛大学设计学院及文理学院的博士教育情况。

[8] 参考文献[14]，第285～286页。感谢Michael Osman教授接受访谈并提供了MIT建筑系的博士教育情况。

[9] 莱特1980年代末从伯克利获得博士学位，博士论题为《法国在北非、印度支那、东非等地殖民地管理与城市建筑的历史》，后出版为其专著。

[10] 由于可选课程较多，一般讨论课的选课人数有限（最多在20人左右，也有3～5人组成的小班，一般在10～20人），因此讨论充分而激烈。人数多时还会分成小组，围绕各自的主题展开讨论。在英文释义中，课堂教授与学生间的"学术交流"是研讨课的重要组成部分。

[11] 感谢Nic Wood及Armin Mattes博士接受访谈并提供弗吉尼亚大学历史系的博士教育情况。

[12] 根据2010年美国国家研究委员会（National Research Council）的数据，在全美212所高校的5000多个博士学位课程中，伯克利名列第一的数量最多。参见http://www.nap.edu/rdp/。

[13] 亚历山大的专著如《模式语言》（1977）、《建筑的永恒之道》（1979）在国内广为人知。里特尔是著名的建筑理论家，倡导在建筑设计中将人的主观和直觉等因素放在重要位置，质疑当时现代主义设计中滥用的理性，推进了后现代主义思潮在建筑学上的普及。

[14] 如Jyoti Hosagrahar（Indigenous Modernities:negotiating architecture and urbanism,2005）和Swati Chattopadhyay（Representing Calcutta: modernity nationalism,and the colonial uncanny,2005）分别关于新德里和加尔各答的研究，Mia Fuller关于意大利在东非殖民主义建筑和城市的研究（Moderns abroad: architecture, cities and Italian imperialism,2007），等等。

[15] 地理学家J. B. Jackson协助创立了伯克利乡土建筑（vernacular architecture）和日常建筑（common architecture）的研究方向，之后由乌普顿（Dell Upton）和格罗斯（Paul Groth）将其发扬光大。1990年代后期伯克利建筑系博士培养模式受乌普顿的影响甚大。

[16] 20世纪50年代建筑系的创始人之一维斯特夫人（Catherine B. Wurster）曾参与了印度加尔各答的城市规划设计，科斯托夫（Spiro Kostof）在土耳其长大成人，哈希德（Sami Hassid）和阿瑟亚德（Nezar AlSayyad）都出生于埃及。

[17] 受阿瑟亚德指导的学生来自美国、中国、韩国、埃及、以色列等20多个国家，研究的主题涉及非西方城市和建筑环境的方方面面。

[18] 建筑系博士生通常选修规划、景观、经济、地理、人类学、历史、管理、土木工程等院系的课程，因此博士论题及其所用的研究方法非常丰富多元。

[19] 伯克利建筑系研究生的必修课内容及名称随着时代和教授团成员的变化而变化，但均与方法论和建筑研究的基本知识有关。关于早期的研讨课，详参考文献[30]。

参考文献:

[1] 陈学飞. 西方怎样培养博士. 北京：教育科学出版社，2002：4—5.

[2] William .H. Cowley and Don Williams. *International and Historical Roots of American Higher Education.* New York and London：Garland. Publishing Company，1991：133—136.

[3] Lester Goodchild and Harold Wechsler (ed.). *The History of Higher Education.* Boston：Pearson Custom Publishing，2008.

[4] 胡绍学. 中西当代建筑教育比较——兼论我国建筑教育改革问题. 建筑学报，1994(4)：44—49.

[5] Klaus Herdeg. *The Decorated Diagram: Harvard Architecture and the Failure of the Bauhaus Legacy.* Cambridge：The MIT Press，1985.

[6] Kenneth Frampton and Alessandra Latour. "Notes on American Architectural Education from the End of the Nineteenth Century until the 1970s." *Lotus* 27 (1980), pp. 9—15.

[7] Winfried Nerdinger. "From Bauhaus to Harvard：Walter Gropius and the Use of History". in G. Wright and Janet Parks, eds., *The History of History in American Schools of Architecture 1865-1975*, New York：Princeton Architectural Press,1990：89—98.

[8] Sami Hassid. "Doctoral Studies in Architecture." (unpublished report). University of California, Berkeley, 1971.

[9] Kathleen James—Chakraborty. "The Berkeley Ph.D. Program and Its Interdisciplinary Orientation". In Waverly Lowell (ed.). *Design on the Edge.* Berkeley：University of California Press, 2009：126—127.

[10] Kenneth Frampton and Alessandra Latour," Notes on American Architectural Education from the End of the Nineteenth Century until the 1970s." *Lotus* 27 (1980), pp. 27—31.

[11] Robert Venturi. *Complexity and Contradiction in Architecture.* New York：The Museum of Modern Art Press, 1966.

[12] Holmes Perkins. G. Holmes Perkins. Graduate Programs 2：The University of Pennsylvania. *Journal of Architectural Education.* Vol. 19, No. 2 (Sep., 1964), pp. 22—25.

[13] Kathleen James—Chakraborty. "The Berkeley Ph.D. Program and Its Interdisciplinary Orientation". In Waverly Lowell (ed.). *Design on the Edge.* Berkeley：University of California Press, 2009：126—130.

[14] Stanford Anderson. Architectural History in Schools of Architecture. *Journal of the Society of Architectural Historians,* Vol. 58, No. 3, (Sep., 1999), pp. 287.

[15] Gwendolyn Wright. *The Politics of Design in French Colonial Urbanism.* Chicago：University Of Chicago Press，1991.

[16] Daniel Gilman. *Annual Report of the President. Baltimore：* Johns Hopkins University, 1886：12—13. 转引自Julie A. Reuben. *The Making of the Modern University.* Chicago and London：Chicago University Press, 1996：66.

[17] Philip Gove (ed.). Webster's Third New International Dictionary. Springfield：Merriam—Webster Inc.，1993：2064.

[18] A. Richard Williams. Graduate Programs 3：The University of Illinois. *Journal of Architectural Education.* Vol. 19, No. 3 (Dec., 1964), pp. 38—41.

[19] Holmes Perkins. G. Holmes Perkins. Graduate Programs 2：The University of Pennsylvania. *Journal of Architectural Education.* Vol. 19, No. 2 (Sep., 1964), pp. 23.

[20] Sami Hassid. Graduate Research at Berkeley. *Journal of Architectural Education.* Vol. 17, No. 4 (Mar., 1963), pp. 99—103.

[21] Spiro Kostof. Architectural History and the Student Architect：A Syposium. *Journal of the Society of Architectural Historians.* Vol. 26, No. 3 (1967)：190.

[22] Norma Evenson. *Paris a Century of Change, 1878-1978.* New Haven：Yale University Press, 1981.

[23] Spiro Kostof. *The City Shaped: Urban Patterns and Meanings Through History.* New York：Thames & Hudson, 1999.

[24] Spiro Kostof. *The City Assembled: Elements of Urban Form through History.* New York：Thames & Hudson New York, 2005.

[25] Dell Upton. *Architecture in the United States.* Oxford：Oxford University Press, 1998.

[26] Paul Groth. *Living Downtown: the History of Residential Hotels in the United States.* Berkeley：University of California Press, 1994.

[27] Anne Marie Broudehoux. *The making and selling of post-Mao Beijing.* New York：Routledge, 2004.

[28] Jyoti Hosagrahar. *Indigenous modernities : negotiating architecture and urbanism.* New York：Routledge, 2005.

[29] Duanfang Lu. *Remaking Chinese urban form: modernity, scarcity and space, 1949-2005.* New York：Routledge, 2006.

[30] Joseph Esherick, Sami Hassid and Charles Moore. Graduate Programs 1：The University of California. *Journal of Architectural Education.* Vol. 18, No. 2 (Sep., 1963), pp. 21—24.

[31] 吴硕贤. 美国密歇根大学的建筑学博士教育. 建筑学报. 1995(5)：53—54.

[32] 朱文一. 当代中国建筑教育考察. 建筑学报. 2010(10)：1—4.

图片来源:

图1：作者自摄，2012

图2：作者提供，2008

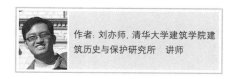

作者：刘亦师，清华大学建筑学院建筑历史与保护研究所　讲师

普林斯顿大学的建筑历史博士教育

刘晨

The Ph.D Program in
Architectural History at
Princeton University

■摘要：普林斯顿大学素以学风严谨著称，校园环境优美，学术气氛浓厚，是无数学者心目中理想的象牙塔。在其提供的博士学位中，很多学科都是最优秀的，包括建筑学、经济学、数学、物理、历史和哲学。本文作者以自己在普林斯顿大学攻读西方建筑历史博士学位的亲身经历为参照，分析建筑历史与理论专业的学科特点，并从招生录取、导师制、经济资助、课程设置、语言要求及论文要求等诸方面对博士教育作了评述。

■关键词：普林斯顿大学 建筑学院 艺术与考古学系 博士教育 建筑历史与理论 经济资助

Abstract：Renowned for its elitist culture, academic excellence and campus beauty, Princeton University is not only the ideal place to pursue scholarship, but also represents an epitomized way of life. Courses of study leading to the Ph.D degree are offered in the arts and sciences, architecture, engineering and public affairs, of which many subjects boast the highest academic rankings. Based on the author's own experience of pursuing her Ph.D at Princeton, this essay gives a detailed analysis of the characteristics and requirements of the doctoral program in architectural history, including application, course work, financial support, faculty—student relationship, language exams and dissertation.

Key words：Princeton University; School of Architecture; Department of Art & Archaeology; Ph.D Program; Architectural History and Theory; Financial Support

一、引言

世界著名高等学府普林斯顿大学 (Princeton University) 是一所私立研究型大学，位于美国新泽西州普林斯顿市，地处纽约与费城之间。它历史悠久，是美国第四古老的高等教育机构，也是八所常春藤盟校之一[1]。该校的前身新泽西州学院 (College of New Jersey) 成立于1746年，最初校址在伊丽莎白镇，1756年迁至普林斯顿，当时校园很小，绿地中央有一座以英王威廉三世的"橙色拿骚"王室命名的拿骚楼（Nassau Hall，图1），在将近半个世纪里，它是整个学院唯一的建筑。1896年，因学科扩充，学院正式更名为普林斯顿大学。1900年，该校成立了研究生院。1930年，普林斯顿高等研究院成立，它与普林斯顿大学各自独立但又保持着联系，相得益彰。整个20世纪，包括阿尔伯特·爱因斯坦在内的顶尖学者从世界各地来到普林

图1　拿骚楼（Nassau Hall），普林斯顿大学最古老的建筑，位于主校园中轴线上

斯顿执教并从事高等研究，这座小镇从此成为令世人高山仰止的理想学术殿堂。第二次世界大战结束后，普林斯顿大学更得到迅猛发展，至70年代末已成为全美国最好的研究型大学之一。

　　普林斯顿大学在人文、自然科学、社会科学和工程学等领域皆提供完善的本科生和研究生教育。在普林斯顿大学的毕业生和教职员中，迄今已有36位诺贝尔奖获得者、20位美国国家科学奖章得主及5位国家人文奖章得主[2]。普林斯顿大学没有商学院、法学院和医学院，但学术风气更显淳厚端正，教授和学子们都能够从容而自在地做学问。与几十公里外纽约大都市的喧嚣相比，这里宁静淡泊的气质足以震慑每一位到访者。

　　普林斯顿校园之美尤其体现在建筑上（图2）。主校园占地面积500英亩（200公顷），有180栋建筑，从牛津、剑桥的学院哥特式到罗曼式、意大利风格、古典复兴、英国殖民式样，再到罗伯特·文丘里、西萨·佩里及弗兰克·盖里等现、当代大师的作品，建筑风格跨越四个世纪，堪称一部鲜活的西方近现代建筑史。各种风格的建筑既充分彰显个性，又彼此相映成趣。近年来，校园规划和建设者们尊崇普林斯顿可持续规划的主旨，愈加注重保护自然资源，使建筑与周围环境更好地融合。在这样的氛围下，建筑学的发展可谓如鱼得水。

二、建筑历史与理论专业的学科特点

　　普林斯顿大学的研究生培养，尤其是博士学位，其很多学科都是最优秀的。在美国的研究型大学里，攻读博士学位需要有明确的研究方向和目标，也要有相当程度的知识积累。就建筑学而言，有两种博士学位：哲学博士（Ph.D.）与设计学博士（Doctor of Design）。后者最

图2　布莱尔拱门（Blair Arch），普林斯顿标志性建筑之一，学院哥特风格

著名的当属哈佛大学设计学院的设计学博士课程，学制一般是三年，侧重对设计方法和实践的研究；而哲学博士以建筑历史及理论为研究对象，学制至少是五年，要求也更高。哈佛大学、普林斯顿大学、麻省理工学院、耶鲁大学及康奈尔大学等著名高等学府各自的建筑院系都提供哲学博士学位。总的来说，建筑院系的博士研究方向在史论方面基本上都围绕着工业革命展开，而对18、19世纪之前，从古代到中世纪及早期现代（大致包括文艺复兴与巴洛克这两个紧密相连的历史时期）这一大部分很少触及或只是泛泛而谈。实际上，对这一时期建筑的研究，在西方属于艺术史范畴。艺术史由18世纪后期德国的几位考古学家建立，是"艺术科学"（德语 *Kunstwissenshaft*，有时译作"艺术学"）的一个重要组成部分，在西方经过两百多年的发展，已经是非常成熟的学科。

这里值得一提的是，欧洲早期现代建筑史不在建筑学框架内，是西方学科发展分化的一个必然结果，同时也是个遗憾[3]。普林斯顿大学也不例外。我在申请攻读建筑历史博士学位的时候要在两个方向之间作选择：建筑学院的史论方向，或者艺术与考古学系（Department of Art and Archaeology）的艺术史方向。我想追本溯源，把西方的东西吃透，最终决定把研究领域放在早期现代这一承前启后的关键时期，于是选择了艺术与考古学系。就这个领域来说，普林斯顿各方面的研究条件都得天独厚。全校共10座图书馆，总藏书量超过一千三百万册，在美国高校中首屈一指[4]。在总图书馆之外，建

筑学、艺术史、东亚研究、近东研究、工程、地质、国际关系和公共政策等独立的学科都有自己的图书馆。艺术与考古学系的图书馆拥有全校最好的资源，且有丰富的珍本、善本图书收藏。系馆、图书馆与普林斯顿大学美术馆同在麦考密克楼（McCormick Hall，图3），整栋建筑自成一格，是主校园的核心。美术馆除了对外开放，也为教学研究提供帮助。另外艺术考古系和建筑学院是近邻，两个院系的师生交流频繁，很多课程共享，如西方现代建筑史、城市发展史、景观园林历史与理论等研究生课程都有建筑学与艺术史的双重代号。而两个院系的博士生培养计划在经费资助、考核制度及论文要求等方面的要求也基本相同。

三、建筑历史与理论专业的博士研究生培养计划

1. 博士研究生招生与录取

在常春藤盟校中，普林斯顿大学的学生人数并不算多。2012～2013学年注册学生总人数为8801人，其中本科生5264人，研究生2674人[5]。博士研究生的录取讲求少而精，建筑学院每年最多录取博士生2～3人，艺术与考古学系每年大约录取10人，录取率不到5%，其中专攻建筑历史方向的也不超过3人。普林斯顿大学向来极为重视传统，讲究学生的出身与师承。申请攻读建筑史论方向的博士学位并不需要提供设计作品集，但要提供一篇论文习作以证明自己具备学术研究的潜力和写作能力。此外，录取委员会也相当看重申请人GRE考试语文部分的成绩，毕竟建筑历

图3　麦考密克楼（McCormick Hall），普林斯顿美术馆、艺术与考古学系馆

史研究在欧美学术传统里属于人文学科。初步确定录取名单后，一般还要面试，申请人有机会参观学校并与所属意的教授探讨自己的研究计划，甚至可以试听一堂研讨课。

2. 导师制

博士研究生的小规模录取，既能保证学生和学生之间，以及教授和学生之间更密切的交流，又能使每个学生都充分享用资源。导师和所指导的博士生基本上是一对一的，类似于牛津的导师制。最重要的是，两者之间是纯粹的师生、朋友关系，不存在任何雇佣关系。美国研究型大学人文学科的教授大都在事业起步的几年里将心血倾注在撰写学术专著上，一两部有影响的专著即可奠定一生的学术地位，而不必靠论文发表的数量来维持声誉。这样他们便有更多的精力来指导自己的博士生。我的导师 John Pinto 教授是研究文艺复兴与巴洛克建筑的权威学者，迄今只出版过两本论著，其一是 *The Trevi Fountain*，源于他在哈佛大学的博士论文，以严格的历史学方法，研究罗马巴洛克盛期建筑作品特利维喷泉的来龙去脉；其二是 *Hadrian's Villa and Its Legacy*，谈古罗马遗迹哈德良别墅及其对后世建筑的影响。正是这两部代表性著作奠定了 Pinto 教授在西方建筑历史学界的地位。

3. 经费来源

普林斯顿大学仰仗校友会的持久赞助和投资专家的不懈努力，得以长期持有充足的运作经费，是全世界最富有的大学之一，也是获得捐款数额最多的学术机构之一。人文学科的博士研究生由研究生院提供全额奖学金资助，且在学生保持正常进步的前提下贯穿全部五年学制。在这样优渥的条件下，博士生可以心无旁骛地投入到各自的学习研究中，不必为经济来源发愁，也不用像理工科研究生那样依赖导师的项目经费生活，甚至也没有义务承担助教的工作。当然，教授会鼓励自己的博士生参与教学以积累经验。总之，这里的氛围非常人性化，是纯粹的象牙塔风格。普林斯顿大学人文学科的博士生待遇在同一领域的美国高校里当属稀罕，据我所知，哥伦比亚大学的建筑历史或艺术史的博士生必须从第二年开始做助教，以保证经济来源，这就加重了博士生做研究的负担。哈佛大学和耶鲁大学的研究生院只提供博士生第一年和最后一年的资助，其余各学年都要学生自己设法解决资助问题。而常春藤以外的高校为人文学科的博士研究生提供的经济资助就更少。

4. 学制

博士研究生的学制具体是这样：前 2 年集中修课，要求 4 个学期修满 12 门课。普林斯顿大学不实行学分制，所有课程一律平等，学生对所选

的课必须以同等认真的态度对待。建筑学院的学生要花大量的精力在设计课上，但如果他们选了"16 世纪意大利与西班牙的建筑艺术交流"这门课，是绝对不敢掉以轻心的，一样要刻苦阅读，积极参与课堂讨论，查阅资料文献，完成高质量的论文，其工作量不亚于任何一个设计专题。我在读博士期间经常跟建筑学院的研究生一起选课，后来又在建筑学院和艺术考古系教课，发现从本科生到研究生的确都非常认真。

头两年里的这 12 门课的具体选题并没有硬性规定，一个大原则是满足本专业方向的一定比例，同时兼顾其他方向。艺术与考古系大致分三个方向：考古部分（包括古希腊罗马、小亚细亚和远东）；欧洲中世纪至早期现代；还有就是现、当代部分。另外中国和日本建筑史与艺术史部分是相对独立的一个领域，跟普林斯顿东亚研究所联系密切。举个例子，研究欧洲早期现代建筑史的博士生，一般要修大概 5～6 门本方向的课程，至少 2 门现、当代课程，1 门古代课程，其余则随意，可以选历史系的课，也可以选科学史或音乐史方面的。不管哪个方向，博士生都可以与导师商量，按照自己的研究兴趣自由选课。在修完两年的课程后，既要对本学科的知识建构和发展动向有一个总体把握，又要为具体研究方向打好扎实基础，做到既博又精。到了这一步，就可以准备参加博士资格考试了。学生一般是在导师的建议下列一个书单，用几个月的时间集中精力完成阅读。考试分笔试和口试两部分：口试针对学生的研究方向进行，笔试部分则是全方位考察，包括美术史、建筑史、物质文化史及科学技术史。我当时为了准备考试，专门利用暑期三个月的时间赴欧洲考察历史建筑，并到各地的美术馆钻研艺术名作；有了丰富的直观感受，再回到学校埋头图书馆看资料，理解得更通透。我在导师的建议下，仔细整理了一份资料文献检索目录，把西方文艺复兴与巴洛克建筑历史这一领域的学术研究成果做了一次系统而全面的梳理，精读了重要文献并写出了详细的评述。总之，准备博士资格考试是一次难得的经历，受益匪浅。通过考试后，即获得学校授予的艺术学硕士学位。此时如果进一步通过博士论文开题，就正式成为博士候选人。这时候时间就完全归自己支配了。研究欧洲建筑史的学生都要花至少两年时间在欧洲实地考察，收集资料，然后完成博士论文。在此期间，除了研究生院的常规资助，系里还单独提供赴欧研究的启动经费，择优分配；此外，博士候选人还可申请其他研究机构的多种奖金和资助。

5. 语言要求

语言能力是历史与理论专业博士研究生的特殊要求，每一名博士生都必须在第一年通过两种

语言考试，目的是让大家能尽早熟练阅读外语专业文献。一种是德语，另一种是跟自己研究方向相关的欧洲语言，文艺复兴和巴洛克方向的博士研究生要攻意大利语，而研究现、当代建筑与艺术的学生需要掌握法语。我的美国同学大都有历史学和比较文学的专业背景，语言上本来就占优势。而我来自中国，英语都是第二语言，可以说举步维艰。我的第一个学期充满挫折，三门课里有两门是本专业最难的，其一是中欧建筑与艺术史，且不必说要熟悉大串的中欧地名和波希米亚建筑师的名字，课下每周要读三百多页的文献，每堂课还要做报告。阅读文献半数以上都是德文和意大利文，只有下硬功夫，把课外所有的时间都用来啃文献。回想起来，最初几个月的苦读至关重要，后来几个学期就逐渐摸清了路子。在此值得一提的是，对建筑史论方向博士研究生的语言要求不独普林斯顿特有，而是专业性质使然。我通过了两门外语考试后，再读学术文献就顺畅多了，对语言本身也产生了浓厚兴趣，第二年夏天又专门选修了拉丁文。作博士论文期间，我有三分之二的资料是英文之外的，学过的语言都派上了用场，而且拉丁文对于解读古罗马时期留下的凯旋门、神庙等建筑物上的铭刻起了很大作用。

6. 博士论文答辩

博士论文开题报告通过后，博士候选人要与导师一起拟定博士论文答辩委员会的名单。答辩委员会一般由四名学者组成，包括两名读者与两名考核者。第一读者是导师本人，两名读者和至少一名考核者必须有助教授以上的职称。答辩委员会中至少三人必须有普林斯顿大学的教职，另一名可以是其他大学或研究所的学者。在论文撰写过程中，候选人除了与导师密切合作外，还要与答辩委员会的其他成员及时沟通论文进展情况。初稿完成后由两位读者进行第一轮审阅，将详细的修改意见反馈给候选人，后者在此基础上完善论文。如此反复三轮，方可定稿。我的导师和另一位指导教授非常认真地阅读了我的论文，大到篇章结构，小到每一处脚注，无一遗漏，密密麻麻的批注尽显其严谨求实的治学风范，令我深为折服。最后的博士论文答辩向全校师生公开，凡对候选人论文题目感兴趣者皆可参加并向候选人提问。这是与大家分享自己研究成果的最佳机会，而考核者提出的问题也充满挑战，候选人必须集中精力，调动全部智慧应战。答辩通过后，教授即以"某某博士"称呼候选人并向其表示由衷祝贺。至此，数载艰辛付出方画上圆满句号。

注释：

[1] 常春藤盟校 (Ivy League) 成立于 1954 年，是由美国东北部的八所历史悠久的私立高等学府组成的体育赛事联盟，包括布朗大学 (Brown University)、哥伦比亚大学 (Columbia University)、康奈尔大学 (Cornell University)、达特茅斯学院 (Dartmouth College)、哈佛大学 (Harvard University)、普林斯顿大学、宾夕法尼亚大学 (University of Pennsylvania) 和耶鲁大学 (Yale University)。"常春藤"也象征着这八所院校在美国高校里长盛不衰的精英地位。

[2] 参见普林斯顿大学官方网站 2013 年最新统计数据，"Nobel Prize Winners"，http://www.princeton.edu/main/about/facts/nobel/

[3] 在这方面，弗吉尼亚大学与众不同，将各个时期的建筑历史与理论研究皆纳入建筑学院的学科设置中，营造出统一的氛围。

[4] 参见普林斯顿大学官方网站 2013 年最新统计数据：http://www.princeton.edu/main/about/facts/

[5] 参见普林斯顿大学官方网站 2013 年最新统计数据：http://www.princeton.edu/main/about/facts/

参考文献：

[1] Axtell, James. *The Making of Princeton University: From Woodrow Wilson to the Present*. Princeton University Press, 2006

[2] Ehrenberg, Ronald G., Harriet Zuckerman, Jeffrey A. Groen, and Sharon M. Brucker. *Educating Scholars: Doctoral Education in the Humanities*. Princeton University Press, 2009

[3] Rhinehart, Raymond. *Princeton University: The Campus Guide*. Princeton Architectural Press, 2000

作者：刘晨，清华大学建筑学院博士后

剑桥大学建筑学研究生培养模式一瞥

郑红彬

A Glimpse of Education of Postgraduate in Architecture at University of Cambridge

■摘要：本文主要结合笔者在剑桥大学建筑系进行联合培养期间所了解的剑桥大学建筑学研究生培养模式进行简要介绍。文章首先介绍剑桥大学建筑系创办的背景和现状，之后分别介绍其硕士生培养体系和博士生培养体系。

■关键词：剑桥大学　建筑学研究生　培养体系

Abstract：This paper gives a brief introduction to the education model of postgraduate in Architecture at University of Cambridge. After a brief introduction to Architecture Department´s background and current situation，this paper introduces its education systems of Master and Doctor.

Key words：University of Cambridge；Postgraduate of Architecture；Training Model

剑桥大学始创于 1209 年，是英语世界中仅次于牛津大学的第二古老的大学，至今已有 800 多年历史。笔者有幸获得国家留学基金委资助，于 2012 年 10 月初至 2013 年 3 月底在剑桥大学建筑学院进行了为期半年的博士生联合培养。本文就笔者在剑桥期间所了解的剑桥大学建筑学博士培养模式进行简单介绍。

一、背景简介

体制内的英国大学建筑教育的出现晚于欧洲大陆国家和美国。直到 19 世纪末，英国的建筑教育依然沿袭中世纪"学徒制"模式，想成为建筑师就必须通过在建筑师事务所中做学徒或助理，跟随建筑师在实践中学习建筑设计技能。19 世纪中叶以后，英国皇家建筑师学会开始推行建筑师注册制度，并建立相应的考核体系。这一体系和当时社会对合格建筑师的需求一起推动了英国建筑专业学校的诞生。1894 年，在利物浦大学诞生了第一个建筑专业院系。此后，在爱德华时期（1901—1919），英国大学内的建筑院系才大量涌现，剑桥大学建筑系即是其中之一。剑桥大学的建筑学系始于 1912 年，笔者到访时正值其成立 100 周年。

二、现状概况

1. 建筑系

目前，剑桥大学建筑系与艺术史系同属于建筑与艺术史学部（图1）。建筑系的学位课程设置分为两大板块：建筑师培训和课题研究。建筑师培训主要是与英国的建筑师注册考试相关，涉及本科及建筑设计硕士课程，涵盖英国皇家建筑师学会标准考试中的三个阶段，以英国皇家建筑师职业资格培训为目标。课题研究主要是研究型硕士和博士，具体的研究课题依据建筑系导师的研究方向而定。

图1　剑桥大学建筑系系馆（背立面）和马丁研究中心楼

2. 马丁研究中心（The Martin Centre）

马丁研究中心是建筑系的研究机构，是英国领先的建筑研究机构之一。马丁中心由莱斯利·马丁（Sir Leslie Martin）爵士于1967年创立，最初称为"土地使用和建筑形式研究中心"，到1974年正式以莱斯利·马丁爵士的名字命名为"马丁建筑与城市研究中心"。该中心的研究跨越传统研究界限，涵盖可持续性建筑，交通与城市，建筑历史与哲学，数字媒体设计与交流，建筑环境风险评估与模拟，分裂城市的领土冲突等六个方向。中心与大学其他学院、英国一些其他机构以及欧洲、美国、中国、非洲和中东等国家和地区的机构有密切合作，研究中心的经费主要来自政府研究委员会，当前研究经费总额超过1000万英镑。中心成员主要由建筑系教师、博士后研究员、全日制在读博士生组成，目前研究中心主任为弗兰西斯·彭茨（François Penz）教授，共有70名研究人员，其中有超过30名的博士生。

3. 艺术史系与建筑相关的研究方向

与建筑系相比，剑桥大学艺术史系的历史更为悠久，艺术史系与建筑相关的研究方向主要有中世纪艺术与建筑、文艺复兴和早期现代艺术与建筑、西方与非西方文化交流、英国建筑等。

三、硕士生培养体系

剑桥大学建筑系的硕士培养分为两种：全日制哲学硕士和非全日制科学硕士。

1. 全日制哲学硕士

（1）研究方向

全日制哲学硕士的研究方向主要有：当代建筑与城市持续发展研究（强调社会政治视

角）；建筑与城市设计（相当于皇家建筑师学会的职业考试的第二部分）；建筑研究硕士（相当于博士前期课程）；艺术史与建筑历史硕士（与艺术史系合办）。全日制哲学硕士要求参加两个学期（秋季学期和春季学期）的、相应研究方向领域内的课程；与导师进行经常性的讨论，导师会指导学生的选题、课程论文、汇报及学位论文的写作；参加系里每周举行的研究生学术沙龙；参加技术训练和职业发展课程。

（2）课程设置

第一学期——秋季学期（Michaelmas Term）

在该学期，学生须参加两门每周 2 个课时的核心研究课程：第一门为"建筑与城市的社会政治"；第二门为"可持续性城市设计"。每门课程都要求完成一篇 3000 字的课程论文。此外，学生还要参加一个由系里组织的研究讨论会（1 周 1 次）和一次 1 个课时的研究方法讲习会（1 周 1 次）。

第二学期——春季学期（Lent Term）

在第二学期，学生可以从每年备选的 6 ~ 8 个每周 2 个课时的教学板块中选择两个。所有的板块都集中在特定的主题并反映课程负责人的特定研究兴趣。学生要求就参加的两门课程各完成一篇 3000 字的课程论文。第二学期的可选课程主要有：建筑和建筑历史方向有 3 门课程，分别是电影和城市（Prof. F. Penz 负责）、边境、分割和冲突（Dr M. Sternberg 负责）、城市边缘：非正式、贫困和城市（Dr F. Hernandez 负责）；关于环境和城市研究有 3 门课程，分别是环境建筑设计（Prof. K. Steemers 负责）、城市、交通和基础设施（Dr Y. Jin 负责）、紧急且卓越（J. Smales 负责）；关于技术和工程研究有 1 门课程，即建筑环境的危机及结构（Dr E. So and M. Ramage 负责）

第三学期——冬季学期（Easter Term）

该学期没有教学课程，学生致力于一项独立研究。研究主题由学生自行选定，并经建筑与艺术史学部学位委员会许可后，由学院内相关领域内的教员对其进行指导。在学期末学生要提交一篇约 20000 字的学位论文，并就论文完成口头答辩。

（3）考核与博士生录取

整个硕士课程持续一年，涵盖 3 个学期。学生的考核主要由 4 篇课程论文和 1 篇硕士论文组成。

哲学硕士要在论文考试中取得优秀，且拟定的博士研究主题要获得许可并有建筑系内合适的导师接收，就可以攻读博士学位。

2. 非全日制科学硕士

非全日制科学硕士有建筑环境跨学科设计方向和建筑历史方向。候选人要求参加研究课程、

讲座以及与导师的定期讨论会。还需参加技能训练和职业拓展。

（1）建筑环境跨学科设计方向

该非全日制学位课程是建筑系与工程系之间联合举办的跨系课程，与土地经济系等其他院系也有联系。该课程为初入职场者及建筑环境职业人员提供一个在协作中学习的机会。课程由设计职业人创办并塑造，自 1994 年创办，其已经发展出一套独特的学习方式。学生会以混合专业背景的团队形式参与导师讨论、讲习班、研讨会和工作室项目。讲师、导师和监察人从学校的学术成员中选出，并囊括高知名度的实践者和领先的行业思想者。参与课程的学生有机会接触该部门最新的研究成果，并通过网络、同学和校友达到知识共享和学习机会共享。

该课程的具体课程结构及评估要求如下：

课程总时长为 2 年，每年 9 月中旬开始，共有 7 个独立的居住周课程（第一年 4 个，第二年 3 个），每个持续 6 天。

在课程期间，候选人需要完成 4 篇写作作业，包括一篇案例研究、两篇课程论文和一篇最终论文。要想获得硕士学位，不但要参与全部课程，还要在 4 份作业中都获得通过。

（2）建筑历史方向

该课程是以跨学科研究为基础的科学硕士课程。课程由建筑系、艺术史系和英国遗产组织（English Heritage）和继续教育学院合作举办。该课程教授学术与实践知识，以及洞察力和方法，尤其重视建筑分析的能力，评估建筑的价值及重要性，将建筑在其历史景观背景中进行定位。招生主要面向：想成为建筑历史学家的、具有各种不同背景的学生；想正规化，并扩展其对建筑环境所谓"历史理解"的历史环境职业人员；想从事相关课题研究的博士候选人。

课程时长 2 年，从十月份开始，包含一系列教学课程、一个实际测绘项目、一项 6 个月的相关部门实习和一篇学位论文。具体课程结构及评估要求如下：

第一年——3 门时长均为 15 天的居住课程（分别在 10 月，1 或 2 月，4 或 5 月）和一个居住评估周末（6 月）。讲师由相关学术部门及职业部门的人员组成，并安排相关实地考察及一些实践练习。课程候选人需要完成两篇不超过 3500 字的课程论文、一篇 3000 ~ 5000 字的测绘报告、一份 2000 ~ 3000 字的研究计划，并要求通过一次实地考试。

第二年——包含一项为期半年的工作实习（6 月 ~ 12 月），之后是至少 3 个月的论文写作。论文应该在 4 月提交。候选人在提交论文后，需要参加口头答辩。

四、博士生培养体系

1. 独特性——完全的导师负责制

与许多北美大学和中国大学不同，英国的博士教育不提供教学课程，剑桥大学建筑系亦如此。

申请者的研究兴趣必须与系里学术成员的研究兴趣相匹配且该成员愿意作为其导师。除建筑与艺术史学部提供的研究与技能培训项目外，博士生可以选修各种课程，比如如何使用文献资源及数据库等，但没有专门针对博士生开设的专业课程。

2. 培养与监督

(1) 定期的导师论文指导

独立进行研究，导师定期进行论文指导，一般是1周1次，部分2周1次。或者随时有问题与导师联系安排见面。

(2) 考核机制：第一年报告 (First year report) + 第二年汇报 (Second year presentation) + 最后一年论文 (Finial year thesis)

第一年报告：相当于国内博士生教育体系中的资格考试与选题报告，主要是第一年研究取得的进展以及接下来的研究计划等。具体内容应该包括以下部分：一个简洁但具有描述性的研究题目；涵盖具体研究要点及研究方法论的大纲；一个研究领域概述，以解释为何进行这项研究及其潜在的重要性；简单概述自己进行该项工作并能将其完成所具备的资质和能力；研究试图探索或解答的问题——包括研究目的简述及预探索的研究问题；国内外相关领域内过去和现在研究成果文献综述；简单列出想运用的研究方法；进行并完成研究所需的材料和（或）设备的描述，并确定在系里可以得到它们；简单描述期望得到的结果及其对学术或知识产生的影响，如果可能，指明什么人会以何种方式受益于研究成果；一个研究计划或时间表，表明研究的主要阶段及试图完成他们的时间表；也可能要求提交一个章节的草稿。

第二年汇报：第二年研究取得的进展及后续计划。

最后一年论文：就一个由建筑与艺术史学部学位委员会许可的主题，完成一篇博士论文。论文字数不超过8万（科学学位不超过6万字），注释、参考文献和表格中的文字也包含在内，题注、附录（仅限于目录、原始文本、翻译文本、采访录或表格）和参考书目不包含在内。

3. 论文评审

论文提交后，由两位评审人进行评审，评审通过后须就论文完成口头答辩。博士论文的评审一般由相关研究领域内的专家进行，至于专家的选取并不局限于本校建筑系，还可根据研究主题邀请英国其他大学或欧洲其他国家的相关专家。

4. 学制

剑桥大学建筑学博士课程的学制，全日制学生一般需要3~4年，非全日制学生一般需要5~6年，十月份开学。

五、结语

本文是对剑桥大学建筑系研究生培养模式进行一些基本的介绍，由于笔者在剑桥仅有短短的半年时间，因此对一所有着百年历史的建筑系的研究生培养模式的了解不是非常深入。尽管如此，在剑桥的半年，建筑系高频率、高水平的学术讲座，丰富多样、不拘泥于形式的学术交流活动，学生进行科研的独立自主，导师指导学生科研的尽心尽力和逐步推进，等等，这些都给笔者留下了深刻的印象。

附：本文在写作过程中得到了剑桥大学建筑系中国留学生李苗、潘一婷和宫平的帮助和资料提供，在此深表感谢。

（基金项目：国家建设高水平大学联合培养博士生项目，项目编号：201206210175）

参考文献：

[1] Department of Architecture, University of Cambridge [EB/OL]. [2013-08-25].http://www.arct.cam.ac.uk/
[2] Student Registry, University of Cambridge [EB/OL]. [2013-08-25]. http://www.admin.cam.ac.uk/
[3] 潘一婷. 英国建筑保护教育述要：以剑桥大学为例 [C]. 过去的未来——历史建筑保护学科建设设置专业教学研究文集（纪念历史建筑保护工程专业成立十周年），同济大学建筑与城市规划学院，2013年6月：142-157.
[4] 高辉. 英国剑桥大学建筑系的科研与研究生教学 [J]. 新建筑，1997.3，54-56.
[5] 雷静、贾学卿. 浅析英国大学博士研究生的培养模式及特点 [J]. 高等教育研究学报，2012，第35卷，第1期，44-46.

图片来源：

图1 Prospects.100 Years Research and Practice [C]. Cambridge:Department of Architecture,2012,p15. 转引自：参考文献 [3]. 摄影：David Butler.

作者：郑红彬，清华大学建筑学院博士研究生

爱丁堡大学建筑系博士生教育

青锋

Doctoral Education in the Department of Architecture at Edinburgh University

■摘要：本文简要介绍了爱丁堡大学建筑系博士教育的学制、专业倾向以及审核答辩等方面的内容。

■关键词：爱丁堡大学 建筑系 博士生教育

Abstract：This article gives a brief introduction to the doctoral education in the Department of Architecture at Edinburgh University. It discusses several topics including the length, research areas, exams and final viva of PhD study.

Key words：Edinburgh University；Department of Architecture；Doctoral Education

笔者于 2009 年在爱丁堡大学建筑系获得博士学位，本文所呈现的主要是那一时期博士生教育的情况。需要注意的是，目前爱丁堡大学建筑系已经与原爱丁堡艺术学院建筑系合并，成立隶属于爱丁堡大学的爱丁堡建筑学院，因此学院机构与人员配置均有较大变化。但 PhD 学位的核心要求与原则并无根本性变化。

1. 建筑系概况

原爱丁堡大学建筑系隶属于人文与社会科学学院，核心专业为建筑设计，并没有配置规划与景观专业，每年招收博士生十余名，研究方向主要涵盖建筑历史与理论、设计理论与哲学、建筑技术与可持续技术、殖民主义地区建筑研究、数字媒体与设计理论等。建筑系对于博士生专业方向并无特殊规定，主要根据是否有相关专业的导师提供指导来决定。

2. 招生要求

通常，申请该校 PhD 学生，需要拥有相应领域的硕士学位，个别情况下，拥有优秀成绩的本科毕业生也可申请。在满足了基本的成绩与英语要求之后，PhD 学生录取与否很大程度上取决于该申请领域导师的意见。因此，申请者应提前与专业领域同自己研究展望相近的导师联系，与该导师讨论是否能为申请者的研究题目提供相应的学术指导。同时，导师也需要了解该申请者的过往研究能力以及为该题目所做的准备。申请者必须提供一份初步研究展望，阐述自己欲从事的研究方向，试图采取的研究路径，希望在 PhD 阶段解决的问题等等，这一材料将是导师决定是否录取该申请者的主要文件。

3.导师

爱丁堡大学建筑系对 PhD 导师的资格并无严格限制，通常获得过博士学位的教师均可以招收博士生。未获得博士学位但是也从事研究工作的教师，也可以指导博士生。英国大学里，一个专业方向往往只设一名教授，其余教师多为资深讲师与讲师，他们均有资格指导博士生。学校会为每位博士生配备两位导师，分别为主要导师与次要导师。实际承担主要指导工作的是主要导师，他同时会控制博士生的研究进度与成果，完成相应的文件工作，次要导师可以对研究提供一定的辅助意见，但通常并不承担过多责任。

4.奖学金与资助

英国建筑系奖学金普遍较少，其最主要的来源是英国海外研究型学生奖学金，即 ORS 奖学金，每年提供约 800 个名额供各专业的海外研究生申请，竞争激烈。每个 ORS 获得者可享有海外学生与本土学生学费差额的减免。在爱丁堡大学，获得多数 ORS 奖学金的人文学院学生还可获得学校提供的 ORS 关联奖学金，可获得本土学生学费减免。此外建筑系还提供一些小额奖学金，博士生也可以申请担任设计课或其他课程的辅导教师，以获得部分薪酬。

5.学制与课程

博士学位的常规学制为三年，理想状态下，博士生可以在第三年末提交论文并完成答辩，获得学位。但绝大部分博士生无法在三年内完成，即进入第四年——"写作年"，在这一年中，如顺利完成论文即可答辩毕业。如果仍然无法在第四年内完成，博士生可以申请延期。每位博士生总共可以申请两次延期，每次申请的时间不超过一年。申请时须陈述延期理由，并提供后续研究与写作计划，经老师签字后提供学院审核通过。如果在两次延期之后仍然未能完成论文，博士生将被取消注册资格。

除了第一年的研究方法课程外，博士生并不需要修学其他课程，主要是在导师指导下自主进行研究学习。

6.设施条件

建筑系为博士生前三年的学习研究提供固定的办公空间，包括相应的书桌、椅子以及储藏空间。在第三年完成后，如仍需继续进行学习研究，建筑系将不再提供固定的书桌等学习设施。博士生可以使用公共的桌椅，临时性地占据一个座位，但此后也必须让出。大学、学院以及相邻的国家图书馆、国家档案馆等为博士生研究提供了很好的学术资源条件，另外，学校的网络与电子文献提供也能够满足博士生的研究需要。

7.导师指导

博士生与导师的关系较为灵活，可通过双方协商确定见面时间，通常为一周至一个月不等。导师会阅读博士生提交的新研究进展，并据此判断博士生的进度与质量，给予相应指导。很多情况下，博士生的具体研究问题是导师并不熟悉的，遇到这种情况，导师主要从基本学术标准、进度控制以及可能性建议等方面给予指导。

8.考核

在第一年结束之后，博士生需要完成第一年报告，总结在这一年中的研究进展，并且在可能的情况下试写论文部分章节。在第二学年开学后，建筑系会组织数位博士生导师对报告进行审查。博士生会被要求回答各位导师在阅读报告后提出的问题，这一过程通常持续约 30 分钟。此后各位导师会出具评审意见，判定该博士生是否达到要求，通过的学生可以继续完成 PhD 研究，而未能通过的学生将选择终止 PhD 学习或者是转为硕士学位学习。

9. 答辩

博士生论文写作完成后，经导师同意即可提交答辩。论文会被提交给两位答辩委员，一位是校内教师，另一位应当是校外专家。在提交后，博士生通常需要等待 2—3 个月，待答辩委员完成论文评审后即可组织答辩。答辩时参加的人员包括博士生、两位导师以及两位论文评审委员。博士生需要简要介绍论文内容，然后接受论文评委的提问，或者是参与讨论。整个过程持续约 3~4 个小时。答辩结束后，博士生须在答辩室外等待答辩决议，此后，答辩委员将向博士生宣读决议。如顺利通过，则可直接提交论文。如需要修改，答辩委员会建议修改时限。理想状况将不超过一个月。如论文质量存在缺陷，答辩委员会建议更长的修改期，六个月至两年不等。博士生需要在规定时间段内完成修改，重新提交并且重新答辩，如仍未能通过，则须终止博士学业。

10. 毕业

在通过答辩之后，博士生可以选择参加每年两次的毕业典礼中的一次，正式通过授学位仪式获得博士学位。

11. 新的变化

近年来，伴随与爱丁堡艺术学院的合并，爱丁堡建筑教育有新的变化。首先是领域的拓展，如艺术学院原有的景观专业现成为新的建筑学院的主要专业之一。其次是规模扩大，目前 PhD 指导教师人数达到 35 名，共有博士生约 85 名。第三是资源的拓展，如奖学金的提供，学院每年可提供五名奖学金名额，获奖者每人每年可获 12000 镑，并持续三年。第四是专业博士学位的设立，如设计博士。这是一种新的学位，在 20 世纪 90 年代初在英国出现，并不断被拓展。不同于传统 PhD 培养，专业博士学习中有更多的课程学习要求，在此基础上，博士生同样需要完成博士论文。只是不同于 PhD 论文对原创性研究的要求，专业博士论文更侧重于实际问题。具体的学制与答辩要求也部分的不同于 PhD。

总体看来，爱丁堡大学建筑系博士教育给予博士生较大的自由，几乎没有课程要求，考核相对宽松，导师督导也因人而异。因此，博士生的学术能力养成与论文研究主要依靠自主控制，对于基础较好，已经具备研究经验的博士生较为适宜。他们可以根据自己的兴趣与进度安排时间，有利于精力的准确投入。但是对于基础较为薄弱，研究控制与推进的经验并不充分的海外留学生，这种体系难以提供足够的训练支持，因此海外学生完成论文的时间往往较母语学生更长。

作者: 青锋, 清华大学建筑学院，建筑历史与文物建筑保护研究所讲师

荷兰城市学博士教育经验
——以代尔夫特理工大学为例

盛强 Stephen Read

Experience in Urbanism Doctorial Program in TU Delft

■摘要：本文基于笔者在荷兰代尔夫特理工大学攻读硕士和博士的亲身体会，介绍了从申请在该校读博、开题报告到毕业答辩整个过程中的经历和经验，特别是在开题报告和论文结构中研究问题体系的建构，希望可以给有兴趣来荷兰或欧洲攻读博士学位的建筑或城市学专业的学生一些有益的借鉴。

■关键词：博士教育　研究问题体系构建　荷兰代尔夫特理工大学

Abstract：This paper is based on our experience of master and doctorial education in TU Delft，the Netherlands．It covers the whole procedure from application，draft proposal，first year review to the writing of final dissertation．A main emphasis is to illustrate the logical structure required in the first year report and the thesis．This information might contribute to the application of Chinese architecture and urbanism students who intend to apply the PhD program in the Netherlands．

Key words：Doctorial Education；Llogical Structure；TU Delft，the Netherlands

1 背景简介

　　由于地理条件的限制，荷兰与欧洲其他国家相比有着更强的城市规划传统。在这个 2/3 面积的土地经由围海造田获得的国家里，人们流传的谚语是"上帝创造了世界，荷兰人创造了荷兰。"作为在荷兰甚至是在欧洲名列前茅的技术类理工大学，代尔夫特理工大学建筑学院的城市规划和设计专业在世界上也久负盛名，有"欧洲的麻省理工"之称。众多著名学者和建筑师，如赫尔曼·赫兹伯格、莱姆·库哈斯、温尼·马斯等，均有在该校学习或任教的经历。具体到实际的科研领域，代尔夫特理工大学建筑学院的当代建筑和城市学专业，在城市设计、区域空间规划、景观规划设计和水处理等方向的研究，在欧洲均处于前沿地位。随着当代城市和建筑学界对环境与社会可持续性等议题的关注，最近几年的博士研究也明显倾向于这些热点。

本文基于笔者先后共八年在该校攻读硕士和博士学位的亲身经历，试图对该校申请读博的方式、流程、博士开题报告和论文写作的结构要求、博士研究和答辩过程等，从客观描述到主观体验进行一个比较详细的介绍，希望能对大家的申请和研究工作有所帮助。

2 申请读博的方式和一般流程

总体来看，申请在代尔夫特理工大学攻读建筑或城市学的博士学位有两种方式从荷兰直接申请和在国内申请。第一种主要针对在该校读硕士的学生，如在毕业设计中表现突出，展示出一定的研究能力并获得很高成绩的硕士生，可以向导师提出读博的申请。如果导师对该生的能力认可，一般会鼓励该生继续留在荷兰准备博士论文提案，同时安排一些研究助理类的工作，以便于延长合法的居住许可，等待正式博士研究生的工作合同流程。传统上，在荷兰读博士本身即是一份正式的工作，也有着足以维持生活的收入（税后 1700 欧元左右），算作是学院的员工。随着欧洲经济大环境的恶化，这种读博的方式在建筑和城市学的留学生中已经非常少见了。但无论如何，能够利用硕士在荷兰攻读的条件，提早了解自己感兴趣的研究方向并和导师建立顺畅的沟通，这些条件对申请博士研究生绝对是非常有利的，希望有意向在荷兰继续学业的学生可以把握住机会。一般来说，如果硕士毕业设计的成绩在 9 分以上（满分 10 分）便可以直接向你的指导教师表达希望读博的愿望，而如果你的指导教师名下暂时没有博士位置，也可以考虑转向其他教授提出申请。

另一种方式是直接从国内申请，目前代尔夫特理工大学的城市学专业有 54 名博士生，其中 33 名来自荷兰以外。自 20 世纪 90 年代以来，这个数字每年都在稳步增长，从最近的情况来看，现有的博士生数量已经接近了师资力量能够接受的极限，因此增长速度应该会放缓。申请者需要在获得资金支持，且研究提案达到要求的前提下，方能被正式接纳为博士研究生。新申请者一般应该从网上查阅新发布的研究课题征集，而申请文件应该直接发往研究生院（Graduate School）而非教授本人。

成功应招研究课题的博士申请人，如果通过评审将会获得该研究项目的经费支持，否则将自筹经费、奖学金或赞助来完成学业。一般来说，在荷兰生活的一般支出为 1200 欧元 / 月，研究生院的网站上还有一些其他的具体相关规定和建议[1]。随着欧洲经济形势的恶化，目前基本上所有从国内来荷兰读博的申请人都事先在国内获得了奖学金或基金的支持。

无论是通过哪种流程，成功申请到博士研究生位置的申请人一开始会和学校签订一份为期一年的工作合同。而申请人需要在未来的九个月内完善自己的开题报告并参加评审。代尔夫特理工大学的博士教育采用 "双导师制"，博士申请人的第一导师（Promoter）一般为研究项目的负责人或者该研究方向的负责人，同时也会有一名负责日常学术交流指导的第二导师（daily supervisor）。这两位导师将负责该生的博士研究和其他学术研究交流活动。在第一年合同结束前，学校会举行开题报告评审会，博士研究生需要以 PPT 和报告的形式来汇报近一年来的工作，明确研究的问题、背景、框架和工作方法。评审如果通过，将会签订另一份为期三年的新工作合同，在正常情况下，三年后博士研究生的工作合同将自动终止。博士研究生必须经过学术委员会主持的公开答辩的程序，方能获得学位。

研究生院会组织博士研究生参加各种相关的课程。这些课程包括一些普适性的研究方法和理论课，以及针对各个专业的选修课程。参加这些课程的主要目的是为了达到博士论文的一般要求，或对所需研究的课题起到针对性的帮助作用。每名博士研究生的研究课题均在代尔夫特理工大学的城市学研究构架之内，这个构架包括了一系列跨学科的、与科研项目及研究方向相关的总课题和子课题。这些方向具体包括：流域地区的城市发展，城市空间肌理设计，大都市空间结构，区域管理、规划与设计，国际规划和区域发展，未来城市，历史与遗产保护，城市新陈代谢等等。针对这些课题的具体描述可以在学院的网站上下载[2]。

这里需要说明的是，博士研究是学院科研体系的基石，而博士研究生自然也成为科研队伍中最重要的团队。做好自己的课题，能按时完成论文参加答辩是博士最重要的工作。但作为学院的正式雇员，承担学院的部分教学和组织工作也是博士合同中明确指出的一部分（特别是在博士研究生拿学校工资的时代）：博士研究生不用天天来学院坐班，但每周有一天的时间（也就是 20%的工作时间）为学院工作（包括负责上课、组织会议等等）。即便是自己申请奖学金或基金的博士，一般也会承担部分上述工作来丰富个人的经历。当然，如果你认为自己承担的任务过多，应该直接向导师提意见。学会合理使用和保护自己的权利是每个留学生都应该具备的能力，在荷兰及绝大多数欧洲国家这都被认为是正当的，没必要逆来顺受。

当然，作为博士研究生，发表文章参加会议是分内的事情。代尔夫特理工大学对建筑和城市学博士研究生的要求大概是每年 1 篇学术期刊论文或 2 ～ 3 篇会议论文。每年每个教授团队内部都有年度评审，考核一年来该生在博士研究本身、论文发表和在学院的工作以及教学工作的情况。

3 博士开题报告和论文的结构

对于最初的申请文件来说，简历、学术研究经验和资金支持可能更加重要。对研究方向和课题的理解和论述并不需要很长很复杂，用两页纸能把自己感兴趣的方向和问题说清楚即可，也不强求固定的格式。这里需要重点说的是一年后开题报告和论文的写作，尽管每个研究方向的文本格式会有所不同，但还是有一些结构上的共性。

首先，开题报告评审过程主要以文字和 PPT 现场答辩的形式来完成，这里需要指出的是，各个博士研究生有权利向导师建议希望邀请的外审评委，这样可以保证他们对研究课题的熟悉。如果该生没有特别要求，从节约经费的角度来考虑，大多数情况，导师会联系学院内部的其他几个教授来评审。

开题报告应该体现出论文的结构。一般已经具备章、节的框架形式，或者应具备前面关于课题综述介绍的章节框架，研究的主要问题和分问题、研究理论背景、研究方法等内容必须表述清楚。另外，该报告内也需要包括研究工作的计划进度、成果、预算和参考文献等内容。除此之外，开题报告中一般还需要提供一篇近期与研究课题相关的会议或期刊论文。

无论是对开题报告还是对论文本身，最重要最核心的内容是对研究问题体系的构建（图1）。首先应该明确研究的主要问题与分问题之间的关系。分问题应该是针对主要问题所需的一些关键而具体的研究方向来提出的。在论述清楚这些分问题之间的关系后，应对该领域的研究现状进行介绍，提出研究所涉及的理论问题以及针对主要问题和分问题做出的相关假设。这些假设的提出应该与当下该领域的研究趋势有一定的关系，体现出研究者的立场。然后，应该提出的是具体的研究方法，如文献研究、现场调研、软件分析等具体的研究方法和技术路线。在这个部分的论述中，一般需要列出研究中所要解决处理的各个关键技术问题，从这些问题出发，详细解释各研究方法是如何被设计和组织起来解决这些问题的，以及针对这些问题的研究成果与前面提出的各个假设之间是什么关系，它们如何能帮助证实或证伪最初的

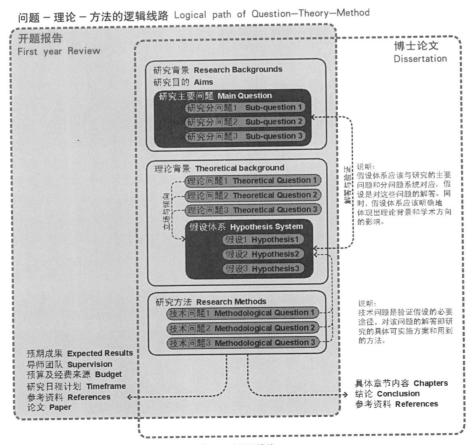

图1 开题报告和论文中通常采用的问题－理论－方法逻辑线路

假设等等。

　　详细了解开题报告的要求对博士研究生来说是非常有意义的。首先，它本身已经搭建起了最终论文的构架，日后的工作只不过是逐步填实论文中的具体内容，而通过开题报告的撰写，可以把研究课题的逻辑关系整理得非常清楚。其次，对很多荷兰人来说，一年合同和三年合同相比，孰轻孰重不言自明，而拿到三年合同之后是否按期毕业，要视自己的人生发展而定，但只有拿到这个合同才是真正进入博士研究的标志。最后，从现在的发展趋势来看，随着申请人数的饱和，申请博士的难度会变得越来越高，因此不排除最初的申请文件要求也会有水涨船高的可能，而申请者如果可以在最初的申请文件中体现出对研究课题的深入而系统的理解，应该会获得更大的机会。

　　博士研究生对研究问题的表述需要尽可能清楚明确，所提出的应该是可以通过研究解决的客观问题，而非主观的、描述性的问题。这里有个小提示，要避免在问题链中过多的出现以"how"发问的问题，除非针对这个问题的解答有明确的、可操作的标准，"how"开头的问题一般比较宏观。从这里也可以看出，荷兰理工大学对博士层面的城市学研究的要求，这里比较排斥那些宏观的、综述类的题目（切忌"假大空"），比较倾向于具体的、微观的、可以深入研究的课题。

　　另一个需要强调的重点是研究的可操作性，也就是前面提到过的研究方法。荷兰的学术传统一般很务实，对博士研究来说，数据才是王道。特别是从目前城市学的研究课题和趋势来看，这里鼓励研究者从自己国家的现状中提出问题，而案例分析调研也尽可能选择自己熟悉的城市。客观地说，与欧洲相比，我国的城市数据很难拿到。利用调研时间去国内规划单位实习可能是个办法，当然，更直接的方法是通过大量实地调研的工作获得第一手的数据。笔者个人对博士研究的理解是，99%的体力劳动加1%的创造性劳动。特别是当提出的研究方法本身涉及一种对城市新的解读方式时，第一手资料的价值本身便隐含了创造性的因素，它的价值是任何已有的统计数据不能代替的。例如，笔者的研究方向是对北京各个尺度层级商业功能的演变和空间逻辑的空间句法分析。而在研究中，对服务于社区小尺度范围的商业分布数据便只能通过实际调研来获得。事实上，三年中大量的时间，花在了走街串巷标注那些小卖部甚至是零散摊贩上。由于在研究进行过程中城市的发展从未停止，这些详细的地图数据除了对本课题研究内容有直接贡献，它们自身也成为了很有意思的历史记录。

　　另外，来自中国的博士研究生通常会遇到的

一个问题，便是英文写作。代尔夫特理工大学为博士研究生提供了一系列的公共课程，其中也包括英文写作。除了参加该课程之外，比较有效的方式是在平时阅读专业论文的过程中关注和熟悉一些常见的、学术化的表达方式。

4　答辩流程简介

　　在代尔夫特理工大学，博士答辩更接近一个仪式。一般来说，导师认为博士论文达到答辩要求后，会将该论文发给评委会评审，博士获得反馈意见后有两个月的时间修改论文。评委会通过论文后，即可进入答辩流程。答辩的时间取决于各个评委的时间，大概在三个月到半年左右。

　　博士论文答辩的仪式非常正式。提前一个月左右，每个即将参加答辩的博士候选人均会收到一份详细的清单，需要确定参加的大概人数、餐点的标准、是否雇佣职业摄影师和摄像师记录整个流程，以及租赁正装的商店信息等等非常细致的内容。当然，每个博士答辩，学院都会给一定的经费预算，但这些钱大都用来负担受邀评委的差旅费，而上述清单中的服务内容一般都是要额外付费的。答辩当天最重要的是确保整个流程的时间节点。一般在正式答辩前30分钟候选人必须到场，为前来观战的亲友团做一个15分钟的PPT汇报。这个过程也可以帮助候选人进入答辩的状态，在一定程度上避免紧张的情绪。答辩开始时，评委会成员会着正装，在一位手持权杖的教授带领下入场（图2）。她的职责是确保答辩的时间进程，手中的法杖敲击地面宣布答辩开始。

　　具体的答辩流程中，会由评委会成员轮流提问，该候选人的导师最后提问。作为传统的延续，评委或博士候选人每次发问或回答前，都会用荷兰语说"谢谢评委的提问（或候选人的回答）"之类的话，而这一切都增加了答辩过程的仪式感。事实上，由于参加答辩的候选人论文已经通过，提问和回答的环节反而变得更加自由，会有一些刁难和激烈交锋的场景出现，这些场景会让整个过程更加精彩。当然，对候选人来说，仅仅通过答辩此时已经不是主要的追求了，能让场面更加好看，表现得更加出色才是目的。越是投入的问答越容易忘记时间，当那位手持权杖的教授再次入场用法杖敲击地面时，无论答辩进行到什么流程，都必须立刻结束，评委会成员会立即起立随她退场进入会议室讨论。博士候选人则在大厅等待颁发学位，与亲友团合影。拿到学位后，还包括简餐等等，整个流程大概在两到三个小时左右。

5　感悟读博与科研

　　为什么要读博士？说了这么多具体的流程之后，似乎反过来提这个问题是多余的。但对每个

图2 评委会进入答辩会场　　　　　　　　　　图3 答辩开始时的现场

有兴趣来亲身经历和体验这个过程的同学来说，从酝酿申请到答辩那一刻，花上五到六年时间都是很正常的。特别是对建筑学和城市学专业的学生，同样的时间在国内的规划设计单位可能已经完成了很多项目，获得很多实际工作经验。博士毕业后，无论是在荷兰还是在国内工作，其选择面反而比较窄，主要是各个大学和研究机构。相信每个选择建筑或城市学专业的学生最初都对设计感兴趣，有志于成为一名优秀的建筑师或规划师，但是，如果说国外硕士的研究与设计还比较贴近的话，博士的研究工作和思考方式则会离设计越来越远。对很多当地的或来自世界其他地区的博士研究生来说，这仅仅是一份工作。在合同结束后人间蒸发是很正常的事，学位，对他们来说，不如这个经历或这份工作本身来得更重要。

当然，客观地说，读博在整个人生中都是比较特殊的一段体验。在日后的工作和生活中，可能再也不会有这样的时间和精力专一地投入到科学研究工作中去。也许在很多人眼中，建筑和城市学还算不上一门严格意义上的科学，但随着各个学科领域的融合和发展，特别是诸如参数化设计、绿色低碳技术和智能化管理等方向的迅速发展，建筑和城市学研究本身从内容到方法上，也发生了巨大的变化。博士研究的领域越发技术化和专业化，但这正是博士研究的价值所在。回想这五年的时光，在开题报告前大量阅读某个方向的现有学术成果，圈定自己的突破方向，那是一个自信心膨胀的时刻，仿佛自己真的站在了国际学术研究的前列，进行着探索性的工作。但朝着方向前进的过程却是一个煎熬的过程，充满了重复性的枯燥劳动。事实上，当论文最终完成的一刻，由于学术界本身的发展和拓展，当年所谓的"前沿"，现在也早已不是前沿了。正如导师在开题报告通过后说过的，博士研究生不是高举大旗引领某个方向冲锋的旗手，而是手持抹子砌砖的工匠。

学术研究却是一个永远不会封顶的大厦，你的工作获得的仅仅是片刻的高度而已，但需要保证的是，局部的、实实在在的质量。

6 致谢

也许在致谢中本不应该出现作者的名字，但我还是希望在这里首先感谢我的博士导师，同时也是本文合作者之一的 Stephen Read 先生。他凭着严谨的治学态度和对学术研究的热情，在代尔夫特理工大学建筑和城市学院承担接受和评审博士申请的工作已经超过了 10 年。他的经验对本文的成形有着直接的影响。另外，还需要特别感谢的是贺璟寰博士，她直接帮助本文提供了最新动态，在这里祝愿她早日成功答辩。

注释：
[1] http://www.graduateschool.abe.tudelft.nl
[2] http://www.bk.tudelft.nl/fileadmin/Faculteit/BK/
Onderzoek/Publicaties/Urbanism_research_programme_
summary_2013.1.pdf

作者：盛强，天津大学建筑学院讲师；Stephen Read，代尔夫特理工大学（TU Delft）副教授

日本东京大学工学部建筑学发展与博士教育概述

张光玮

A General View of the Development of
Architecture and Doctoral Education in
School of Engineering, the University of Tokyo

■摘要：本文是对日本东京大学建筑学发展历史与博士教育概况的介绍。开篇从明治时期东京帝国大学的创始切入，进而展开与日本近代建筑学和建筑史学发展息息相关的东大建筑学科演进历程，可窥今日东大的学术渊源。另一方面，对现在东大建筑学专业的课程设置、导师制度及近十年来与研究经费制度相关的结构改革进行简述，让读者从多个侧面了解东大的建筑学博士教育情况，为有意入学者提供参考。

■关键词：东京大学 建筑学 建筑史学 博士教育

Abstract：This is a synopsis on the Architecture department and its Doctoral education at the University of Tokyo。The paper starts from the history of the University from Meiji period，and then discusses the evolution of Architecture in the academic field，which has played an important role in Japanese modern Architecture and Architecture History。Meanwhile，the author depicts condition down to date in Dept．of Architecture of Todai，especially on the Doctoral education，either curriculum，or supervisor system，even the reform of recent 10 years on interdisciplinary effort，providing the potential candidates reference information。

Key words：The University of Tokyo；Architecture；Architecture History；Doctoral education

一、大学历史与学科设置

日本东京大学坐落于日本东京，拥有以本科教育和学科交叉研究为主的驹场校区，以专业教育及传统学科研究为主的本乡校区，及只进行研究生教育与新领域研究为主的柏校区，三个主校区分布在东京各处，这在日本的高校中也是非常罕见的。

东大的前身是江户时期开设的天文方[1]、种豆所和昌平板学问所，明治时期历经分合，分别成为教授洋学[2]、西洋医学、国学[3]和汉学[4]的两所学校——东京开成学校和东京医学校，二者于1877年4月12日[5]合并成为东京大学。建筑学科所隶属的工学部前身则是明治初期由工部省管辖的教育机关工部大学校[6]，在1886年（明治19年）与前述东京大学工艺学部合并，成为帝国大学[7]，帝国大学完善了长、教头、教授、副教授、舍监、书记的教职体系，设立大学院研究科系，1887 年开始有了博士学位的认定。1897 年随着京都帝国大学的创建，帝国大学也就改名为"东京帝国大学"了。

工学部是东京大学 10 大学部[8] 之一，本科入学的学生通常前两年都在教养学部接受综合基础科目培育，后两年[9] 才分专业进入各个学部的专业学科学习。大学院（即研究生院）是硕、博士培养单位，每个专业方向称为"专攻"，基本是基于学科划分。其中，工学部下设的社会基盘学专攻、建筑学专攻和都市工学专攻，以及农学部下设的森林科学专攻，覆盖了我国的建筑学、城乡规划学和景观学三个一级学科的专业内容[10]。各种中心、设施及研究所是特定的主题或研究课题团体，作为附属机关存在，包括建筑历史与理论研究常关注的东洋文化研究所[11] 和史料编撰所[12]。

二、东京大学建筑学和建筑史学源流

东京大学建筑学如前所述，起源于 1871 年创办的工部省工学寮的造家学科，5 年后工学寮改组为工部大学校，并聘请了英国建筑师鞠塞·康达（Josiah Conder，1852 ~ 1920）来日执教。康达毕业于英国南肯辛通艺术学校（South Kensington Art School），在以维多利亚哥特复兴风格见长的英国建筑师威廉·伯吉斯（William Burges，1827 ~ 1881）事务所工作过两年；来日本后设计了包括鹿鸣馆在内的一大批公共建筑，是日本明治时期洋风建筑的奠基人；同时他在工部大学校培养了日本第一批现代意义上的建筑人才，故而被称为"日本的现代建筑之父"。东大本乡校区的工学部一号馆，即建筑和社会基盘系馆前广场上，还树着康达的立姿铜像（图 1）。

康达培养的第一批学生中，辰野金吾（1854 ~ 1919）最为突出，他毕业后留学英国，在伦敦大学和威廉·伯吉斯事务所游历三年后回日，将雕刻和绘画引入工部大学的建筑教育体系（图 2）。1886 年，工部大学校改组为东京帝国大学工学部的一部分，辰野金吾在这一年出任教授一职，他极力提倡将"造家"学科改称为"建筑"学科，将会更符合含有艺术和美学的 Architecture 一词的本意，并在 1897 年实现[13]。在他的指导和影响下，帝国大学建筑系人才辈出，包括伊东忠太[14]、长野宇平治[15]、塚本靖[16]、关野贞[17]、武田五一[18]、野口孙市[19] 等人。

根据伊东忠太的描述[20]，辰野金吾在游学英国时，伯吉斯问其日本建筑的文化与特点，辰野一概不知，伯吉斯便教诲他学习欧洲建筑的同时也应该了解本国的建筑。在此激发下，辰野回国执教，便请来了木子清敬教授日本建筑的发展沿革，也差不多在这个时期，对古寺社的保有受到了官方重视[21]，日本开始了对古建筑的全面调查，也触发了对日本建筑的历史研究。

伊东忠太的《法隆寺建筑论》首次从建筑史学的角度展开研究，为过去日本建筑史、美术史和国学史研究中相互对立的样式研究方法和文献史料方法打开了大门，这之后从明治 38 年（1905 年）到昭和 10 年（1935 年）的 30 年时期里，一场关于法隆寺是否是再建的争论持续了一代学人，促使日本建筑史研究从单纯的样式史研究，发展到针对遗构的建筑、雕刻、绘画、样式、尺度分析与积极引用文献史料的综合研究方法。同时，为了研究日本古代建筑，追本溯源亦揭开了日本学者研究东洋建筑的序幕[22]（图 3）。

图 1　鞠塞·康达（Josiah Conder，1852~1920）立像

图 2　辰野金吾像

图 3　伊东忠太像

如果说，明治时期第一代建筑史学人伊东忠太、关野贞、天沼竣一（东大出身，京都帝国大学教授）等人的关注点主要集中在寺社建筑[23]，大正时期的建筑史家则更关注对欧洲近代一系列建筑新思潮的正确解读，现代主义运动中日本建筑师与之的有机关联，以及与发展相对应的住宅、民家和城市问题。

昭和12年（1937年）卢沟桥事变，日本发起全面侵华战争。这一年，足立康、大冈实、太田博太郎、关野克、竹岛卓一、谷重雄和福山敏男7人联名，以坚持纯粹研究为目的，成立了"建筑史研究会"，旨在明治中期建筑学的兴盛之上掀起二次发展，涵盖建筑史及与其相关的雕塑史、美术史、工艺史、庭院史、历史地理学和考古学等，倡导严肃的治学态度和文献与实证研究方针。7人中有4人被派往中国参战，期间记录了大量中国历史建筑资料。建筑史研究会出版的《建筑史》[24]分6卷，共33册，含161篇论文和174篇小论文，包容了日本从原始时代到近世的宫殿、官邸、民宅、城郭、寺院、神社、茶室、庭院、城市、营造组织、工匠等广阔的对象，还包括了中国建筑、雕刻、美术史领域的文章。昭和初期因此也被日本学界认为是建筑史的隆盛时期（表1）。

现在东大的建筑史学教授中，研究密教建筑的藤井惠介，研究城市史的伊藤毅，研究西洋建筑及茶室建筑的藤森照信[25]和已经退休的、研究西方现代建筑史的铃木博之，都是稻垣荣三（稻垣荣三）[26]的学生。此外，稻垣荣三（稻垣荣三）还培养了在法政大学研究欧洲及东亚历史街区的阵内秀信。而稻垣荣三（稻垣荣三）则是太田博太郎[27]和堀口捨己[28]的学生。可以说，他们在师承关系上都是一脉相承的。[29]

明治－昭和时期主要建筑史研究者谱系 表1

大学毕业年份		姓名
明　治	25	伊东忠太
	28	矢野贞
	35	天沼俊一
	36	大熊喜邦
	37	前田松韵
大　正	5	小仓　强
	8	石原宪治
	9	堀口捨己
	10	
	11	長谷川辉雄
	12	藤岛亥治郎・村田治郎
	13	田边泰・足立康 *
	14	服部胜吉
昭　和	1	大冈・实浅野清 **
	2	福山敏男・竹岛卓一・饭田须贺斯
	3	藤原义一・原泽东吾 **・横山秀哉 **
	4	杉山信三 **
	5	
	6	泽岛英太朗
	7	谷　重雄・森蕴・藤冈通夫
	8	关野　克
	9	城户久 **
	10	太田博太朗・太田静六・黑田升义 **

注：* 造兵专业毕业；另，昭和3年文学系美术史专业毕业
　　** 高等工业学校毕业时间

三、东京大学建筑系课程设置

东京帝国大学造家学科从1893年开始设立讲席制度，每个讲席由一位教授和多名副教授及讲师担纲，最初只有三门，即建筑结构概论、建筑设计和建筑史（图4）。从1905年开始，伊东忠太任建筑史讲席教授。大正3年（1914年），又新设教授钢筋混凝土结构的第四讲席；大正9年（1920年），专为关野贞设立了第五讲席，教授东洋建筑史。随着教授阵容的退休，一时出现讲席过剩的局面，东洋建筑史学盛极一时又于战后转而式微[30]。建筑史和东洋建筑史后来合并为一个，新增计划原论讲席。昭和时代，随着专业分科的细化，在内田祥三的带领下，出现了建筑卫生、建筑材料、城市规划、城市防灾等专业方向。1962年，工学部将原来建筑系下的城市规划学分离出来，成立独立的都市工学科，相当于国内所称的

平成 25 年度冬学期（研究生）课程表

※临时安排：建筑学研究、建筑学特别研究。

图 4-1　2013 年东大建筑系研究生课表 - 冬季

平成 25 年度夏季学期（研究生）

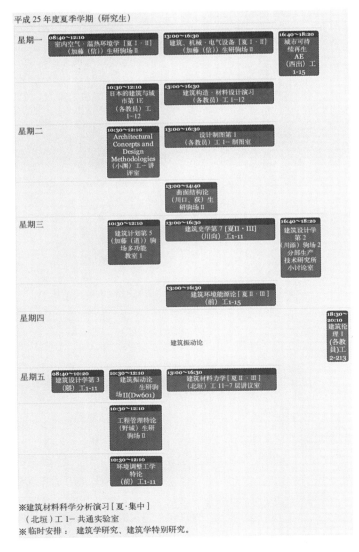

※建筑材料科学分析演习［夏·集中］
（北垣）工 1- 共通实验室
※临时安排：建筑学研究、建筑学特别研究。

图 4-2　2013 年东大建筑系研究生课表 - 夏季

城市规划系。战后几经调整，现在的东大建筑系研究生院是由建筑学，建筑计划学[31]和建筑史学，建筑环境学，建筑构造和材料学四大讲座构成的。硕、博士入学考试试题以此为据分四大类，建筑设计为必考专业科目，其余三项根据不同情况而定[32]。研究室课程设置从本年度的课表上可管窥一豹。

博士研究阶段通常被称为博士后期课程，官方学制为 3 年，通常较多情况是在 3 ~ 5 年内毕业，分论文中间审查和最终审查两个成果考核阶段。由于博士生教育强调个体的独立研究活动与综合能力的培养，因此博士生除了做自己的研究之外，还会参与研究室的集体学术活动，甚至协助教授管理研究室。不同研究室、不同教授的指导方法也各不相同，很难统一论述。每个教授都有与个人性格气质相应的独特方法，在博士生管理上非常具有个人特色。所以在决定跟随哪位导师之前，除了研究方向的一致之外，应该对该导师和研究室的运营有大致的了解。

工学部建筑系本部位于本乡校区工学部 1 号馆，现任在职教授 13 名，副教授 10 名，外聘讲师 14 名。现任系主任为著名建筑师隈研吾。建筑学专业的研究生院指导教师除了工学部建筑系的教师外，还包括弥生校区的地震研究所、驹场校区的生产技术研究所和大学院综合文化研究科的部分教师。

从历年的博士生报考与合格人数比例来看，2006 年以后的数据显示，每年报考人数在 32 ~ 49 人不等，2010 年以前的接收比例都比较高，而自 2011 年以后招收的博士均在 30 人以下，其中外国留学生所占比例大概为一半多一点。外国的建筑学学生想要申请留学东大，可以通过工学部的国际学生办公室（Office of International Students）获取相关信息[33]。

四、结构改革与研究教育——COE的十年

21 世 纪 COE 项 目 （the 21st Century Center of Excellence Program） 以及后期的 GCOE 项目 （Global COE Program），是文本科学省从 2002 年基于"大学改革方针"开展的，以形成世界高水准研究教育基础、培育高水平研究和创造性人才为目的的日本国家级研究经费划拨计划。该计划通过在日本学术振兴会设立委员会主司评审，各大学分设专门学术机构统一管理的模式推行[34]，其影响可类比我国的国家自然科学基金。

东京大学工学部的都市工学、社会基盘、建筑学三个专业则组团为一个机构，

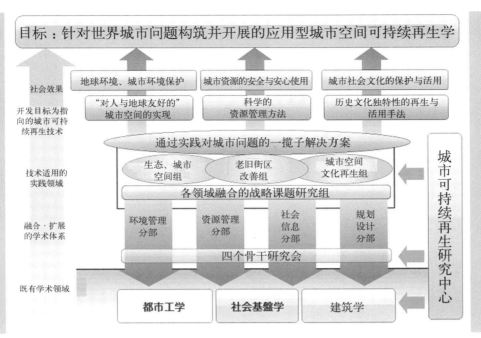

图5 "都市持续再生研究中心"（Csur）的组织框架

称为"都市持续再生研究中心"（Csur），作为上位接驳口，共同承担了与 COE 的大课题，其共同的主题是探索城市空间的持续再生问题（图5）。而与该中心相关的人员，几乎囊括了三个专业所有教授和研究人员，也资助了大部分的研究活动。这样一个新的学术体系相较于过去三学科分立而言，更强调融合与扩张，主张突破学科壁垒，把相互关联的自然环境、构筑物、社会文化、经济条件等问题综合起来考虑，去思考和解决世界范围内、急剧的城市化过程中所面临的各种各样的危机和问题。

人才培养上，也体现了这种融合指导体制的变革。除了鼓励学生在三个专业间通选课程并开设由三个专业教授共同执教的英语课程之外，还提出了所谓"T+型"人才培养模式（图6），即具备专攻各自专业的能力基础上，通过合作研究、调查及研讨会，增加专业间的横向理解力，进而在交换留学、海外在地支援项目、国际实践派遣、国际研究派遣和青年海外巡讲等项目中增强人才的实践能力。尤其是青年奖励研究和青年创发研究项目，吸引了众多博士生参与，使得年轻人可以根据研究课题自由组合，或独立担任项目负责人（图7）。

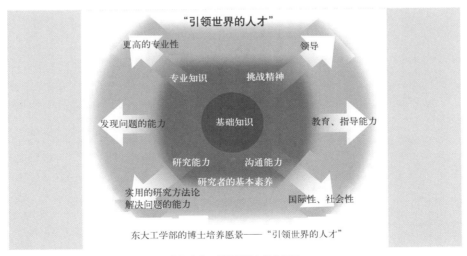

图6 "领导世界的人才"东大工学部的博士培养愿景

在该中心的倡导下，在博士生考核制度上，三个科系也走向了融合，以中心下设的 7 个分部会 [35] 为单位，博士生研究阶段的中期审查和终审查都可以方便地邀请其他专业的教授作为答辩委员会的委员。

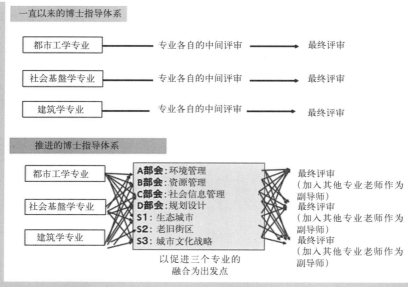

图7　GCOE 倡导的博士生指导与考核体系

五、结语

　　东京大学建筑学从明治时期的造家学科发展至今，一百四十多年的历史积淀，有着清晰的传承脉络，在日本近代建筑学的发展道路上可谓举足轻重。现在的东京大学继承了前辈严谨的治学态度，亦勇于在新时代创新，是日本建筑师和学者的摇篮，吸引了世界各地的留学生。作为东大毕业生，在人生道路上亦感不辱名校传统的责任与自觉。

注释：

[1] 1685 年江户幕府设置的以研究天体运行为要职的研究机构。

[2] 日本自江户时代通过荷兰引进了欧洲的学术、文化和技术，称为"兰学"；后来为以"洋学"代之，指谓从英、法、德等国流入的各种学问。

[3] 江户中期和兰学并行在日本兴起的学问之一，源于对以"四书五经"等儒家经典及佛典研究的批判，旨在发展出日本独自的文化、思想和精神，包括国语学、国文学、歌道、历史地理、有职故实、神学及治学态度等。

[4] 与洋学、国学相对，在江户时代对中国传入日本的学问的统称。

[5] 4 月 12 日于是便也作为东京大学纪念日，成为每年举行入学仪式的日子。

[6] 1871 年工部省设工学寮，两年后设大学，后改为工部大学校，最初由英国人 Henry Dyer 主管，多以外国教师用英文授课，开设土木、机械、造家（即建筑）、电信、化学、冶金、矿山和造船各科。相较于合并前注重理论的东京大学工艺学部，合并后更注重实务。

[7] 1897 年随着京都帝国大学的设置，改名为东京帝国大学，又于 1947 年 9 月改名为东京大学。

[8] 即：法学部、医学部、工学部、文学部、理学部、农学部、经济学部、教养学部、教育学部、药学部。

[9] 除了医学部医学科、农学部兽医学科和药学部药学科，要 4 年。

[10] 日本其他大学也会将建筑学科设置在如理工学部、设计工学部、美术学部、艺术学部、造型学部、环境学部、生活科学部等学部中。由于学部和学科的差别，正文中所述的各学科与我国的学科分类稍有不同。

[11] 东京大学东洋文化研究所（简称东文研，IOC）创始于 1941 年，分泛亚研究部门、东亚研究部门、南亚研究部门和西亚研究部门四个部门，附属东洋学研究情报中心。

[12] 源于 1793 年的和学讲谈所，以日本史相关史料的编撰和刊行为主，由史料部、图书部、史料保存技术室和事务部构成。

[13] 转引自参考文献 [2]：1818

[14] 1892 年东京帝国大学本科毕业后，攻读博士并留校任教。从法隆寺研究开始，以西洋建筑学为基础重新审视日本建筑，是为日本建筑史研究的先驱者，也是最早研究中国建筑史的代表性人物。除了建筑史方面的成就，伊东在建筑设计上也成绩斐然，创作了一桥大学兼松讲堂、筑地本愿寺等风格颇为奇特的作品。著有《支那建築史》（1931 年）、《神社建築に現れたる日本精神》（1935 年）、《法隆寺》（1940 年）、《建築の学と芸》（1942 年）、《琉球 – 建築文化》（1942 年）、《支那建築装飾東方文化学院》（1941 年）、《日本建築の美社寺建築を中心として》（1944 年）、《日本建築の実相》（1944 年）、《西遊六万哩》（1947 年）等。（括号内年代为成书出版时间）

[15] 1893 年东京帝国大学毕业，和洋折衷风格建筑师，作为日本银行技师，设计了众多日本银行建筑，还设计了台湾总督府。

[16] 1893 年东京帝国大学毕业，留学欧洲，后在东京帝国大学任教，从事建筑设计、装饰和工艺研究，设计

了韩国旧首尔站。1929 年与关野贞共著《支那建筑》。

[17] 1895 年东京帝国大学毕业。毕业论文研究平等院，在伊东忠太的推荐下于，1896 年赴奈良考调查古建筑并发现了平城宫遗址。著有《朝鲜古蹟图譜》（1916~1935 年）、《支那山東省に於ける漢代墳墓の表飾》（1916 年）、《支那建築》（与塚本靖共著，1929 年）、《支那文化史蹟》（与常盘大定共著，1941 年）等。

[18] 1897 年东京帝国大学毕业，留学欧洲，将新艺术运动、维也纳分离派等介绍进日本。参与了现在的京都工艺纤维大学平面设计系、京都大学建筑系和神户大学工学部的创办，被誉为"关西建筑之父"，与赖特交情颇深，还参与了国会议事堂建设、法隆寺及平等院等古建筑的修复项目。

[19] 1894 年东京帝国大学毕业。在综合设计事务所"住友家"（即现在的"日建设计"）工作，设计了众多建筑如大阪府立图书馆等，现在都是日本重要文化财（即"文物"）。

[20] 伊东忠太，法隆寺研究の動機，建築史，第 2 卷第 2 号。转引自参考文献 [1]：1689

[21] 从 1888~1897 年的十年间，日本政府成立临时全国宝物取调局，展开了对全日本的文物普查，并于 1897 年，制定了第一部与文物保护相关的法律，即《古社寺保护法》。

[22] 关于法隆寺之争，参见文献 [1]：1695~1705；关于日本的东洋建筑史研究与对中国的影响，可参阅《Domus》中文版第 60 期朱涛先生撰写的《阅读梁思成系列之 2——强梁无畏》。

[23] 当然，作为寺社建筑研究的后续，也展开了对古代住宅（大熊喜邦、前田韻、藤原义一等）、茶室（掘口捨己、泽岛英太郎等）和建造史（铃木义孝）的研究。

[24] 出版六年后，改为《建筑史研究》。

[25] 藤森又培养了村松申，主攻城市遗产、亚洲城市、建筑史。

[26] 1948 年东京大学毕业，1952~1960 任都立大学助手，1960 年开始入东京大学任副教授，1973 年升任教授。曾任 ICOMOS 日本副会长。著有《稲垣栄三著作集》（2006~2009，全 7 卷本合集）、《日本の近代建築［その成立過程］》（1959 年）、《文化遺産をどう受け継ぐか》（1984 年）等，其神社建筑相关研究曾于 1968 年获得日本建筑学会大奖。毕生研究涉猎甚广。

[27] 1937 年东京帝国大学毕业，1943 年任东京大学副教授，1960 年升任教授。1957 年东京大学工学博士毕业，论文为《中世建築の基礎の研究》。著有《日本建築史序説》、《図説日本住宅史》等，是"大佛样"和"禅宗样"术语的倡导者，《日本住宅史》一书系统地梳理了日本民宅的发展。在文物保护、修理方面，也参与了法隆寺的修复，药师寺、平城宫复原及长野县笼宿町的保护等。

[28] 1920 年东京帝国大学毕业，入大学院研究近代建筑史，成立分离派建筑会，反对过去的样式建筑。从日本数寄屋中发现美，论文《利休の茶》获得大奖。1923 年留学欧洲。1932 年任东京美术学校教授，后成立日本文化工作联盟，出任理事长。1944 年获工学博士，后任明治大学教授、工学部长。研究日本庭院，著有《Tradition of Japanese Garden》（1962 年，神代雄一郎共著）、《庭と空間構成の伝統》（1965 年）、《家と庭の空間構成》（1975 年）。

[29] 感谢现东京大学建筑系研究科在读的温静博士提供的宝贵信息。

[30] 关于日本学者对中国建筑的研究盛衰，参见《建筑师》第 64 期张十庆先生的《日本之建筑史研究概观》的精彩阐述。

[31] 日语写作"建筑计画"，最早由建筑家瞎填菊太郎在 1889 年的一本《建筑计画论》中明确提出，类似环境行为学，但范围更为广泛。研究与人的行为和心理相适合的建筑设计，特别是在医院、学校、集合住宅、剧场和公共建筑等设计中融合心理学、统计学、环境学、人体工学等综合因素。在日本，传统聚落研究也被归为建筑计画学门下，如原广司对世界聚落的调查和分析，这一点比较特别。

[32] 详情可参见网页链接 http://www.arch.t.u-tokyo.ac.jp/wpfiles/2014nyugaku_annai.pdf

[33] 参见 OIS 主页 http://ois.t.u-tokyo.ac.jp/jp/index.html

[34] 从成功受理件数和划拨的资金规模来看，东京大学、京都大学、大阪大学分别前三甲。整个日本每个学科每年设 10~15 个基地；资助力度上，每件申请每年约拨款 5 千万~5 亿日元（相当于人民币 3 百多万~3 千多万）

[35] 分别是，A 部会：环境管理；B 部会：城市资源管理；C 部会：社会信息管理；D 部会：规划设计；S1：绿色城市；S2：脆弱街区；S3：城市文化战略

参考文献：

[1] 日本建筑学会编．近代日本建筑学发达史．卷 10．建筑史学史．善株式会社．1972

[2] 日本建筑学会编．近代日本建筑学发达史．卷 11．建筑教育．善株式会社．1972

[3] 东京大学工学部建筑学科·大学院工学系研究科建筑学专攻网页：http://www.arch.t.u-tokyo.ac.jp/?lang=ja

[4] 东京大学グローバル COE 网页：http://www.u-tokyo.ac.jp/coe/japanese/index.html

图片来源：

图 1：http://ja.wikipedia.org/wiki/ ファイル :Statue_of_Josiah_Conder_in_the_University_of_Tokyo_0101.jpg

图 2：http://upload.wikimedia.org/wikipedia/commons/8/82/Tatsuno_Kingo.jpg

图 3：http://ja.wikipedia.org/wiki/ ファイル：伊東忠太 .jpg

图 4：参考文献 [3]

图 5~ 图 7：参考文献 [4]

表 1：参考文献 [1]：1743

作者：张光玮，清华大学建筑学院博士后，助理研究员

韩国建筑学博士教育

卢庆旼

Doctoral Education of Architecture in Republic of Korea

■摘要：本文以韩国建筑学专业的著名大学——首尔大学和弘益大学为例，介绍各建筑系的博士教育目标、招生大纲、博士课程、毕业要求、学位论文提交、研究方向、奖学金等。本文的目的是介绍韩国建筑学博士教育的情况，从而为将来中韩建筑学科交流提供基础知识。
■关键词：韩国建筑学博士教育　首尔大学　弘益大学

Abstract：This paper mainly focuses on the two representative universities for architecture, i.e. Seoul National University and Hongik University. We will introduce each universities' requirements of entrance examination, course work, graduation requirements, dissertation submission, and scholarships. The purpose of this paper is to understand the present condition in doctoral education of architecture in Korea.

Key words：doctoral education of architecture in Republic of Korea；Seoul National University；Hongik University

　　韩国近代建筑教育从 1906 年建立工业专习所开始，但是工业专习所的教育限于木工，而且招生数量很少。韩国真正的建筑教育是从 1916 年京城工业专门学校建筑系设立开始的。解放以后，京城工业专门学校中留学日本的韩国建筑师很活跃，成为韩国建筑界的主流。韩国战争以后，去美国留学的建筑专业学生增多，因此，韩国建筑教育也受到美国教育的影响。

　　现在，大部分韩国大学建筑系教育课程都分为三个阶段：本科、硕士、博士。本科可分为建筑学和建筑工学两种，建筑学为五年课程，建筑工学为四年课程。硕士和博士也可分为建筑学硕士、博士 (Master of Architecture/ PhD in Architecture) 和工学硕士、博士 (Master of Engineering/PhD in Engineering) 两种。本文以韩国建筑学专业的著名大学——首尔大学和弘益大学为例，介绍韩国建筑学博士教育。

图1 1920年代韩国京城
工业专门学校

一、首尔大学[1]

首尔大学建筑学科继承了韩国近代工业专习所的传统，解放后借助京城工业专门学校建筑系的设施和人力，于1946年设立首尔国立大学工科学部建筑学科。1953年开设硕士课程，1973年开设博士课程。现在首尔大学建筑系所隶属于工科学部下。

（一）招生大纲[2]

申请博士生有两个阶段：第一个阶段是文件审查，取得国内外硕士学位或依法认同硕士学位及以上的人能申请；而且首尔大学要求英文水平达到TEPS考试601分以上或TOEFL考试84分以上。第二个阶段是面试，在一般的情况下，面试之前已经确定了研究方向和导师。文件审查为100分，面试为100分，满分总共200分，按照其评分结果择优招生。

（二）博士课程

首尔大学博士课程修课要求为36学分以上，学位课程修课应选本专业课程或院长认同的其他专业课程，但要求至少总学分的1/2应为专业课程。论文研究课程为3学分。首尔大学建筑系博士生可分为全日制（Full time）博士生和非全日制（Part time）博士生，Full time博士生一学期最多能修课9学分，如果包括论文研究课程，则能修12学分。Part time博士生一学期最多能修课6学分，如包括论文研究课程，能修9学分。

（三）研究方向

首尔大学建筑学科分为建筑学和建筑工学两类，具体研究方向可分为建筑计划及设计、建筑史、建筑结构（工学）、城市规划等；一共有15个研究室，分别有：建筑意匠研究室、建筑环境计划研究室、建设技术研究室、空间·造型·设计研究室、构造材料实验室、建筑计划及设计研究室、建筑史研究室、建筑构造体系研究室、都市建筑设计研究室、都市建筑保存计划研究室等。每个研究室有1~2位导师，研究室的硕士、博士生同导师进行研究方向的研究并参加项目。

（四）毕业要求（学位论文提交资格）

获得提交首尔大学博士学位论文的资格，需要具备三个条件：1）要通过外国语考试及综合考试；2）为了考综合考试，应已经修硕士及博士课程60学分以上，而且至少提前六个月向研究生委员会提交《论文计划书》；3）论文审议前，应该在KCI级（Korea Citation Index）期刊或国际学术会议上刊登两篇以上论文。建筑工学专业应该在SCI级期刊刊登一篇以上论文。

（五）学位论文提交

通过研究生委员会认同该博士生具备学位论文提交资格，学生应于第一次论文审议预定日两周之前将论文审议本提交至论文指导委员会。学生需要在论文指导委员会的审查和指导下，遵照指示修整及补充论文。

（六）奖学金

首尔大学博士生的奖学金有：讲义·研究支援奖学金、学费免除奖学金、勤劳奖学金、首尔大学发展基金奖学金等。讲义·研究支援奖学金（TA奖学金）是学期中作为教授的助教以及做其他业务，学费全额免除（一学期约15000～20000人民币）以及每月30万韩币（1500人民币左右）奖励。勤劳奖学金是在建筑系办公室或其他地方工作，每月20～30万韩币（1000～1500人民币）。首尔大学发展基金奖学金是针对家境清贫、平均学分绩点是3.3（4.3满分）以上的学生。

二、弘益大学[3]

1946年，弘益大学成立，并于1953年设立建筑美术学科，1958年设立研究生硕士课程。1964年，建筑学部新设建筑学科，并于1973年设立研究生硕士课程，2006将年建筑学科改为建筑学部。弘益大学博士教育的主要目标是培养兼备杰出的理论基础和设计能力的建筑专家。原则上，博士应该是全日制，但也有Part time博士生，但Part time博士生应该跟随学校内部规则。

（一）招生大纲[4]

弘益大学博士教育申请要求：第一阶段是文件审查，包括申请者的硕士及本科成绩、修学计划书、研究业绩。申请者应是取得国内外硕士学位或依法认同硕士学位及以上的人。第二阶段是面试，在一般的情况下，面试之前已经确定了研究方向和导师。

（二）博士课程

弘益大学博士学位攻读期间修课为36学分以上（硕博连读需要60学分以上），学位课程修课应选专业课程或院长认同的其他专业课程，且需遵从导师的要求。博士基本能修与硕士生同样的课程，但是有的课程可能需要先修基础课或仅限于特定专业。

（三）研究方向

弘益大学建筑学院分为建筑学和建筑工学两类，具体研究方向有建筑计划与历史、建筑自动化、建筑计划与设计、建筑构造、生态都市建筑、亲环境体系、项目管理、数码设计等。其研究室有：建筑自动化研究室、结构工学研究室、室内建筑研究室、都市计划研究室、建筑环境研究室、建筑历史与理论研究室等。每个研究室有1位导师，规定副教授以上能带博士生，研究室的学生人数都不同，最少的没有学生，最多的10个硕、博士生。基本上，硕士、博士生都应参加导师的研究和项目。

（四）毕业要求（学位论文提交资格）

获得提交弘益大学博士学位论文的资格，有四个条件：1）攻读博士学位过程应已经四个学期以上，而且已经受到两个学期以上指导老师的论文指导；2）博士生应已经修满毕业要求的学分，而且平均学分要3.0（B）以上；3）通过外国语考试，一般为英文，外国学生能以韩语考试代替；4）通过博士生综合考试，综合考试为四门专业课程（包

括副专业），每门课程需要70分（100分满分）以上。

（五）学位论文提交

在提交弘益大学博士学位论文之前，学生需要在学期初提交如下文件：博士学位论文推荐书及发表许可证、履历书、研究业绩书、期刊或国际学术会议上刊登论文的抄本、委员会的论文评价报告书。同时，论文审议需要提交博士学位论文5本。具备上述所有的文件而且满足前述要求的博士生可进行论文审议，其论文审议分为两种：论文评价和口试，100分满分中需要平均80分以上得分，且需要五分之四审议委员的同意，论文才能通过。

（六）奖学金

弘益大学博士生的奖学金有：免除奖学金，是免除学费的30%（一学期的学费约人民币40000元，所以可以免除人民币12000元；讲义补助奖学金，是免除学费的50%（免除约人民币20000元）；研究奖学金，是免除学费的50%（免除约人民币20000元）。每个奖学金只能享有一次。而且，一般情况下，参加导师的项目有工资。

首尔大学为国立大学，而弘益大学为私立大学，因此两个学校的学费和奖学金制度不同。首尔大学建筑系在工科学部所属下，其强项在建筑工科和理论和历史方面。弘益大学的建筑学院是独立的学院，其强项在建筑设计与计划方面。这两个大学的建筑系都有六十多年的历史，有各自的长处。笔者希望通过本文能给读者提供一个了解韩国建筑学博士教育机会。

注释：

[1] 首尔大学建筑系网页（http://architecture.snu.ac.kr/department/history.php）
[2]《2013学年度首尔大学大学院前期招生案内》
[3] 弘益大学建筑学院网页（http://arch.hongik.ac.kr/）
[4]《2013学年度弘益大学大学院招生案内》

图片来源：

图1：韩国学中央研究院

作者：卢庆旼，韩国，清华大学建筑学院　博士研究生

结合光影与空间认知的建筑设计实验性创新教学方法探索

雷祖康　孙竹青　刘勇

Exploration of the Experimental and Innovative Teaching Methods for Architectural Design Combining Light and Shade with Spatial Cognition

■摘要：建筑空间创作过程中，融入光影进行环境趣味性创造为现今学生乐于学习与探索的课题。然而，进行建筑启蒙学习的学生，由于进行抽象的三维空间思索的加工能力不足，而导致创作学习过程中形成困惑，或面临不知所措的难处。教师于课堂指导过程中，也不断地努力进行解说，期盼学生有所认知研讨方案的特质。然而，由于众人视角的差异，导致学生往往产生"知其然，而不知其所以然"的窘境。

　　本研究尝试从学生在设计过程中所面临的建筑设计困境问题调查入手，理解学生于建筑设计过程中从三维空间进行空间辅助设计，与融入光影进行综合探索的设计方法；并比较常用的三维空间辅助思索工具—实体模型与计算机模型和真实环境间的差异。研究中笔者针对教与学的需要，研制"建筑设计课程空间认知与光环境模拟实验教学平台"辅助实验教学教具，于实际的教学实践应用中已获得良好的成效。文末也企盼此实验性教学方式，未来能普遍推广于其他建筑设计启蒙课堂中，使实验教学的涵文于未来能扩及到更具系统化的实验教学方法中去。

■关键词：空间认知　实验性教育方法　实验辅助教具　建筑三维空间设计　光与影

Abstract：During the process of spatial creation, designing with light and shade is an interesting topic for students to get absorbed in the architectural study and exploration nowadays. However, the lack of abstract three—dimensional spatial thinking leads to the difficulty that the students will be at a loss when starting a design as well as in the learning process. Meanwhile, in the class, the teachers are also trying their best to explain the design plan and expect the students can get some understanding of the whole plan when discussing the design with them. However, individual differences often result in the predicaments that "know what is done but not why it is done".

Started from the survey of the problems students facing when they are in a state of design, this study tries to know the design methods students take that three—dimensional spatial design combines with light and shade exploration during the whole architectural design process, and compares the differences between normal three-dimensional spatial thinking tools physical model made by hand, digital model made by computers and the real environment. During the study, the author develops an assisted experimental teaching tool for "spatial cognition and light environment simulation experimental teaching platform for architectural design course" out of the teaching and learning need. In the end, the author also expects that this experimental teaching method can be promoted in other architectural enlightenment courses, and the connotation of this experiment can be expanded to systematize the development of experimental teaching method in the near future.

Key words: Spatial Cognition; Experimental Education Method; Experimental Aids Instruments; Three Dimensional Spatial Design of Architecture; Light and Shade

1.前言

笔者常于建筑设计课堂与学生进行设计方法研讨时,深感学生对于空间尺度的掌握能力不足,学生也因诸因素影响而喜好制作宏观尺度的小模型进行方案概念的研讨,普遍仅从宏观视角重视建筑体型与外观形式,而忽视从微观视角进行人居环境的探索。因此,就较难从微观尺度进行人居活动与环境空间相互关系的研讨,如此,光与影等具诗意与趣味性的环境氛围调节元素在空间内的展现就难以融入思索。

传统的设计方法首先均让学生先认识空间关联关系(Adjacency)与连接关系(Connectivity),学生于进行设计时会分成不同楼层逐层进行"切片式"(Slice Design)的设计思索,如此易造成学生进行空间关系设计时的思索局限。如何将三维空间设计理念于设计初期时融入思考,改传统的"平面切片式"设计思索模式成"空间立体化"的设计方法,为目前建筑设计教学方法须进行变革的趋势。

光、影与空间尺度的设计研究在建筑设计启蒙课堂(本科1-2年级)为重要的训练学习课题。教师于课堂上与学生进行方案解释,并与学生间进行方案经验的分享时,往往由于教师与学生间的视角与认知差异,学生制作的方案缩尺模型尺度过小,导致学生常难以理解教师的解说,教师也常面临学生"鸭子听雷"的窘境。

本研究基于前述教学困境的促因,引发进行本课题与实验性教学平台研制的设想,经历了3年多的实验教学实践,将此心得整理在此分享,若有不妥之处敬请各位先进们不吝指正。

2.学生所面临的建筑设计思索困境

就笔者过去多年的教学实践过程发现,启蒙阶段的学生于学习建筑设计时,普遍均会存在"面对问题,不知所措"的困境。建筑环境空间创作为"半抽象"的思维过程,学生对于空间的认识须靠平时对于案例空间体认经验的积累,体认度掌握能力较强的学生,就易快速创作产生较为合理的空间方案。学生可以利用不同的途径获得可学习参考的体认案例,例如设计方案作品集、杂志图片、实际案例等。由于,学生会从不同的视角观点进行案例环境的解读,因此,所获取可参考的启示信息皆有不同。

本研究针对华中科技大学建筑与城市规划学院学生,进行自主学习建筑设计思索方法与困境调查,调查分成两部分:第一部分,主要针对学生于进行建筑设计思索时,常关注的构思焦点与困惑点。第二部分,则针对建筑设计思索时,三维空间辅助工具应用情况进行调查。调查结果所示,学生于进行建筑设计思索时,多数学生对于空间尺度、造型创意、空间流畅、环境协调等四个方面最为关注。其中,本科2-3年级的学生关注空间尺度、造型创意与空间流畅论题,本科4年级学生注重造型创意,硕士生则更倾向于对空间尺度与环境协调问题进行考虑。从中,可以归纳得知"空间尺度"为学生一致所关注的论题(图1)。对于建筑设计思索时,常遭遇的思维限制障碍。本科2年级学生所面临的主要问题为空间尺度难以确认,3年级与4年级的学生主要的困惑点为意象转换与概念生成,而硕士生则主要面临的障碍也为意象概念的生成问题(图2)。

于第二部分的调查结果所示:学生于进行建筑设计思索时,随着学生学习建筑的时间与经验累积,对于空间内涵的知识面认识也更加全面。从而,对于空间比例与尺度的认知考量也更加重视(图3)。当空间尺度感逐步积累到一定程度时,学生的设计重点又逐渐从空间感转向对设计概念的生成感兴趣,因此更多学生重视对于概念产生的生成方法。对于设计初期无法生成设计概念的主要原因：本科 2-3 年级学生多为对需设计的空间尺度没有概念无从下手，从而在方法上出现偏差，例如偏向平面化的思考；本科 4 年级与研究生则为概念，产生的思路不是很清晰等问题（图 4）。对于设计初期的建筑形体思索方法，随着学习建筑设计的时间增长，日渐重视从设计方案的三维环境空间感切入思索，着重强调空间尺度与空间序列关系，而逐渐会摆脱从二维平立面图面入手的传统手法（图 5）。对于实体模型与计算机模型之间的差异，普遍学生均认为空间尺度感与真实度存在相当程度的差异（图 6）。

3. 利用实验辅助思索的建筑设计互动式学习模式

3.1 光影融合建筑设计空间创作学习的重要性

西方现代主义建筑家柯布西耶曾说："建筑是量体在阳光下精巧、正确与壮丽的游戏"[1]。徐纯一著《如诗的凝视：光在建筑中的安居》一书说道："光自身就是造型，光线总会投向一定所在，经过压缩、稀释或拉延，选取需要统合及强调的部分，赋予建筑沉默寂静的氛围"[2]。阳光与阴影为现代建筑空间创作过程中，不可或缺的重要设计语言，妥善的应用可使得建筑创作的成果表情生动，由于光与影的无穷妙变，可使得环境创作的主体逸趣横生。

柯布西耶在思索朗香教堂的开窗时，不仅只单纯地考量室内采光的需求，而敏锐地考量可利用光束在不同的阴暗与时间变换环境中，创造出不同且神秘的环境氛围。 路易斯·康与安藤忠雄等众建筑家于建筑空间创作过程中，常常能见到巧妙地利用光影进行空间与时间特殊氛围的创造，从他们的众作品中可获得例证。他们对于光影的诠释，也可从他们的对话言语中得到启示。路易斯·康曾言："即便是一个必须保持黑暗的方形的房间也需要一盏灯来体现它有多么得黑。建筑师设计平面房间时，必须记得他的关于自然光的信仰。他们总是依赖于手指接触的开关，满足于静态的光，却忘记了无尽的可变的自然光（因此每个房间在每一天都不同）"[3]。安藤忠雄曾言："光并没有变得物质化，其本身也不是既定的形式，除非光被孤立出来或被物体吸收。光在物体之间的相互联系中获得意义。在光明与黑暗的边界上，个体变得清晰并获得了形式"[4]。

在我国传统民居的空间创造中，先民也相当微妙妥适地运用光与影的环境构成语言，自适应地创造和谐融洽的人居环境。江南传统民居建筑中为了解决空间中的黑暗，常见于人居环境中设置了大量的天井与屋顶亮瓦，如此可使得封闭黑暗的室内环境能够获得使用者基本生活需求的采光光亮。如此微妙地设计环境特质变化，学生更是难以利用少许的图片能体认出来的。因此，光与影的空间设计与体认主题，于现代建筑设计启蒙教育中，已凸显此训练认知的重要性。

过去的建筑设计教育课程，设计内容的探索多局限于空间功能与形式布局等主题盘旋。对建成环境与周遭环境的论题探索，多数关注于建成环境室外环境气候条件对于建筑群组的设置安排的宏观视角关系。对于设计创造的室内环境，过去学生常忽略从微观角度进行观察与研究自然光源所塑造的静态光与影气氛，以及时间变化所形成的动态变动关系。常使得学生逐渐遗忘光与影融合空间设计的应用，与形成建筑环境趣味性创造的重要特质。但是随着媒体材料信息多元化的发展，光影随时间变化与建筑环境创造的实验性探索设计论题，为现今学生日渐关注并感兴趣。因此，建筑设计教学的实践过程中，光与影的课题探索为设计启蒙教育阶段中相当重要的课程训练内涵。

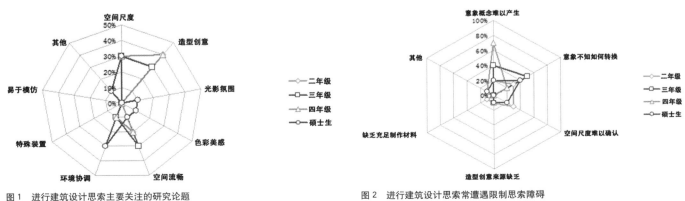

图 1　进行建筑设计思索主要关注的研究论题　　　　　　图 2　进行建筑设计思索常遭遇限制思索障碍

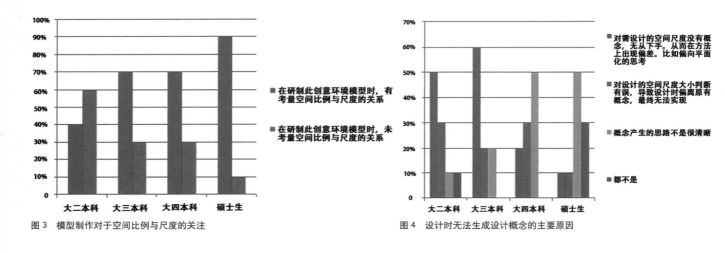

图 3 模型制作对于空间比例与尺度的关注

图 4 设计时无法生成设计概念的主要原因

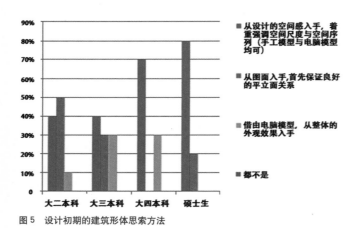

图 5 设计初期的建筑形体思索方法

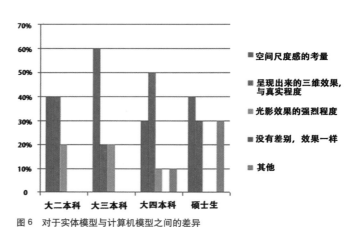

图 6 对于实体模型与计算机模型之间的差异

3.2 利用实验方式辅助学习认知的思维模式

"坐而言不如起而行，双手万能"亲身动手操作的原则，为现代建筑学教育的基本指导方针。设计过程中缩尺模型的制作，过去仅是作为表达设计创作后的设计成果手段之一。然而，根据戴维·科尔布（David Kolb）经验认知理论中的学习模式经验认知模型（Experimental Learning Model）得知，设计创作的过程为：抽象概念产生（Abstract Conceptualization）、行为实验（Active Experimentation）、直接经验（Concrete Experience）与观察反思（Reflective Observation）的循环过程[5]。且当知识增长后，此认知循环圈即予提升，因此可知设计创造思维程序系为创作→认识→检讨→修改→再创作的，反复创作与改正的，螺旋向上反馈（Feedback）过程。因此，设计过程制作的模型应为方案研讨过程的辅助工具。

传统的建筑设计方案研讨课堂中，教师均会指导学生动手制作方案实体缩尺模型（Physical Scaling Model），辅助进行设计案例的三维空间认识与协助进行方案调整。然而，学生于制作模型时，并非完全明了制作模型的真实意图，而着重于建筑体量外观的形态，鲜少者会从内部空间环境视角进行方案空间思索。之所以会产生如此的现象，据笔者观察系由如下原因造成：1. 模型内部空间格局复杂较难制作；2. 学生于方案研讨过程着重于可直观察觉的建筑造型；3. 学生进行方案思索时，难从三维空间思维方法切入，导致难以将各空间转换成三维环境进行思索。

倘若学生仅从建筑外形进行方案思索与观察，此时须留意的问题是：是否均能从真实人们生活的视觉高度（尺度）进行观察，还是均从"鸟人（Bird Person）"的视高？由于模型制作的比例与可拆解的难度，使得学生于观察的过程中，仅能从模型外部观察室内的环境情况，无法让自身的视觉体察方式进入模型之中，导致观察的结果仅能从宏观的角度片面解释问题，而无法导引设计者自身置入于设计环境中模拟建成环境后的实质感觉。此状态也导致学生于设计环境创作过程中，仍无法以细腻的方式探索设计的内涵，造成学生于课程结束后，对于光影与建成环境关系构成的相关知识认识仍然缺乏，而陷于"知其然，仍

图7　比较调查研究的真实环境

图8　研究环境计算机模拟效果

图9　研究环境实体模型效果

不知其所以然"的窘境。

　　学生的缩尺模型制作并非仅作为设计成果展现的手段，而应作为设计创作过程中不断地探索设计方案创造与修改方案时的运用工具。因此，倘若能一改过去传统的静态模型呈现概念，而融入现场操作进行设计创作与修改的动态概念，则可提升学生对于创作过程的学习兴致，更能激发学生的设计创作潜能，创建意想不到的人造环境。

4.实体模型、计算机模型与真实环境的差异

　　目前学生于学习设计方案时，常运用实体模型（Physical Model）与计算机模型（Digital Model）进行三维虚拟空间的辅助思考。然而，此二辅助方法与真实空间的真实性差异如何？对学生言，此真实性的差异与模型制作后可利用的便利性，对于学生的学习是否能产生较佳的学习成效？这些问题时常悬浮在学习者的心里。

　　本研究以一真实环境为研究对象，逼真地制作实体模型与计算机模型进行差异比较（图7，图8，图9）。笔者针对实体模型、计算机模型与真实环境的真实度进行了调查，其中多于90%的同学认为手工模型的场所真实感要优于电脑模型，有过半的女生赞同。近10%的同学认为电脑模型的空间感优于手工模型，且均为男生。调查数据表明大多数同学在深知电脑模型便利性的同时，仍然肯定手工模型不可替代的优势。其中，性别的认同感也具差异，由此可知，运用计算机建模的技术手法对于不同性别的学生，易产生不同的便利与障碍（图10）。

　　计算机模型的建模制作，对于建筑启蒙学习的学生而言并非易事。Google SketchUp Pro（SU）软件为目前学生学习最易上手的三维空间模拟软件[6]，一般学生学习此软件与渲染技术到能充分表达设计想法，大约需要近1年时间。并非每位学生都能学习得相当熟练，且学生在学习软件期间，由于对建模技术的生疏与恐惧，会因建模的障碍影响建筑设计创造的涌现思维发展等。虽然实体模型制作时间稍长，需要投资些许材料成本，但每位同学皆可以动手制作，制作过程不会受到建模等技术不熟练的制约。学生进行建筑设计方案思索时，也因约制较少而易充分融入自己的创意设计想法。且学生在动手制作过程中，材料切割时会仔细思量构件的尺度，粘合过程时可思索空间围合的形式与尺度，可利用材料粘合缝隙尺度的变化，调节并研究室内空间的光亮创造的环境氛围。此外，也可利用此过程来研究材料构成语言、构造与结构工程技术等内容。

　　关于计算机模型，在制作过程中，尽管附加了极为相近的材质，制作近似"逼真"的情景。

真实度调查统计

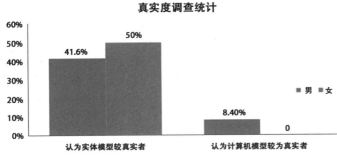

图10　实体模型、计算机模型与真实环境的真实度调查结果

图11　实体模型易于表达真实空间环境关系

然而，其笔直的模拟光束所形成的光影效果，其实与真实的漫射光相去甚远，即便在模型完成后对它进行渲染（即后期光线、材质等的处理），它所呈现出来的三维光影效果仍与真实的情景差异甚远。因此，就笔者观点，虽然计算机建模技术为现代学生学习建筑设计的重要学习课题，但从建筑设计创意思维的训练角度言，建筑启蒙时期，学生应该于初始接触学习设计时，以实体模型辅助思索为妥（图11）。

5.辅助学习研讨的实验性互动教学平台研制

为了能配合建筑设计互动教学中，室内光环境模拟实验与室内空间尺度研究的互动式设计研究，同时利于学生于实体模型制作后，能将观察视线深入移入模型之中等所需，本研究设计了一套辅助学习研讨的实验性互动教学平台——"用于空间认知与光环境模拟的辅助实验教具"。

此实验性互动教学平台的主要实验系统构成为：光照控制模拟系统（Lighting Simulation System，LSS）、视觉体察模拟系统（Visual Simulation System，VSS）与互动作业实验环境（Interactive Experiment Environment，IEE）等三部分（图12）。

A．日光模拟控制系统（Lighting Simulation System，LSS）

此系统主要为模拟直射日光。系统运用点状光源配合条型轨道，与可调变角度灯座的局部光束投射方式，达到模拟直射日光效果。由于太阳于天球中行进的黄道面与地赤道面间呈现倾角变化关系，因此实验装置中设置可模拟太阳自由运转控制的弧形灯轨，以控制模拟不同时刻的光点定位。系统中选择似点光源的卤钨灯以模拟太阳光线投

射，塑造近似人居环境的日光投射情景（图13）。

B．视觉体察模拟系统（Visual Simulation System，VSS）

研究中利用视觉体察移动特性，将系统分成轨道导引模式、手持推进模式与固定设点模式等三种模式，以设定模拟人眼视觉环境。系统中视觉模拟装置，采用视频影像采集CCD系统，运用系统的静态图像与动态影像采集功能，以方便随时进行模拟环境的图片与影片采集。

C．互动作业实验环境（Interactive Experiment Environment，IEE）

此为教与学的互动环境，实验模型可置放于模型置放滑动作业台，学习者可任意移动滑动作业台，调整合适的学习研究视觉观察角度，进行目视视觉观察研究。此观察的现象可透过VSS的CCD系统采集，透过投影仪投射至投影屏幕上，可利于教学研讨与学生共同学习分享。在此作业台上的模型，亦可按研讨过程的需要进行现场修改调整，调整的过程可进行即刻解说，结果可透过此互动方式进行相互学习分享，如此更可提升教学成效（图14，图15）。

此实验性互动教学平台目前已经获得国家发明专利，专利号：ZL 2008 1 0236806.5[7]

6.教学实践的应用与成效

本实验装置可以让学生于设计课课堂上，直观与便利地运用模型进行建成环境与太阳光影的观察。同时，也可变换光源投射的位置点，让学生能即刻体会光与影在建成环境中的变化关系。光影的变动情况亦可按每日或不同季节的特性进行动态模拟，模拟结果可采集拍摄成影片，以利学生于日影变化过程中评估设计方案的设置成效。教学应用过程，如下图（图16，图17）所示：

图12 实验性互动教学平台系统构成架构　　图13 模拟日光源与研究模型间的光线投射关系　　图14 实验性互动教学平台装置构成（左：作业时，右：收纳时）

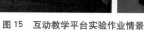

图15 互动教学平台实验作业情景

图16 学生进行建筑设计课题动手操作情景

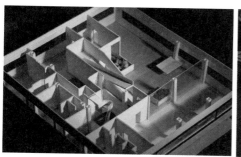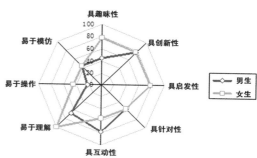

图 17　CCD 采集投影之环境空间光影景象

图 18　学生针对实验教学的使用者用后 POE 评价

本实验教具已实际应用于笔者担任的建筑设计课程的光环境实验课题中，学生透过此新颖的教学方式，也激发学生探索课题的兴致。经历学生的实践操作后，研究中也针对本实验教学方法进行使用者用后评价（POE）。从评价结果可理解，男生与女生皆认为此教学方法具创新、启发与针对性。认为此方法的趣味与理解性，女生优于男生；认为此方法的互动性，男生优于女生（图 18）。

7. 未来可持续应用的潜力思索

尽管计算机模型可以带来设计者的便利，但它仍缺乏对形体空间的真实体验感，实体模型提供设计者的直观感受，在设计方案研讨过程中具重要作用。詹姆斯·盖芬（James Glymph）对此也表同样态度，认为计算机模型取代实体模型和绘图是十分错误的概念[8]。

威廉·弗鲁塞尔曾言："模型是表达世界的方式"[9]，建筑实体模型是每一个设计过程不可或缺的，主要是在真实的物质空间环境中观察模型，能够获得对方案的有效理解。过程实体的呈现，使得设计者与模型直接对话，从而对方案产生直观感受。

本实验教学方法经历笔者 3 年多的实际教学，经历多方面的调适与改善，已经获取良好的教学成效与不少的经验启示。关于本实验教学平台，笔者亦思索未来可持续应用的潜力方向：

A. 实验教具未来可于实验箱边框界面上，结合微型风机阵列模块，利用自动控制方式模拟环境微气流场，让学生更直观研究不同建筑朝向、开口设置对环境气流产生的变化，以协助建筑开口设计与通风环境创造。

B. 未来更须深化研究机动性的影像采集技术，模拟使用者的近似真实视觉环境，则可让此系统更趋于模拟真实环境。

结论

利用实验性互动教学平台将光影元素融入建筑空间环境设计的实践教学方式，有利于教学过程中与学生进行方案环境解说，也有利于学生们彼此间方案的分享与研讨。此实验教学平台经教学实践显示，可提高学生学习建筑设计课题的兴致。因此，变革传统建筑设计教学方式，导入三维空间与实验研究设计环境的思维方法，可开拓学生更多的空间创意思维能力。本研究结合光影与空间设计的创意性互动实验教学方法仅为起始，未来尚待更多研究融入其他设计元素，企盼未来"设计结合实验"的教学理念能更多推广。

（基金项目：华中科技大学 2010 年教改基金资助，项目编号：01-22-220015）

注释：

[1] 罗贝尔（Lobell，J.）著，成寒译，静谧与光明：路易·康的建筑精神，2010，一版，北京：清华大学出版社，p. 77

[2] 徐纯一著，如诗的凝视：光在建筑中的安居，2010，一版，北京：清华大学出版社，p. 82

[3]《大师》编辑部编著，路易斯·康，2007，一版，武汉：华中科技大学出版社，p. 34-35

[4]《大师系列》丛书编辑部编著，安藤忠雄的作品与思想，2005，一版，北京：中国电力出版社

[5] David A. Kolb, Experiential learning: Experience as the source of learning and development, 1984, NY: Prentice-Hall Inc. p.11-12

[6] 柏基、黄小清著，直接操作三维空间的建筑设计方法，2011，一版，武汉：华中科技大学出版社

[7] 发明专利网页：http://211.157.104.87: 8080/sipo/zljs/hyjs-yx-new.jsp?recid=CN200920083254.9&leixin=syxx&title= 用于空间认知与光环境模拟的辅助实验教具 &ipc=G09B25/00(2006.01)l#

[8] Criss B. Mills, Designing with Models: A Studio Guide to Making and Using Architectural Design Models, 2005, 2nd, Ed., NY: John Wiley & Sons Inc., p. 1

[9] 克里斯蒂安·根斯希特著，马琴、万志斌译，创意工具—建筑设计初步，2011，一版，北京：中国建筑工业出版社，p. 151

作者：雷祖康，华中科技大学建筑与城市规划学院；孙竹青，华中科技大学建筑与城市规划学院；刘勇，广州市城市规划勘测设计研究院

专业思维素养与建筑设计
基础教学

李伟

Professional Thinking Quality and Basic
Teaching of Architectural Design

■摘要：论文以天津大学多年教学改革实践为基础，提出建筑基础教学应实现从"知识累加"到"思维建构"的方法转变，注重专业思维素养在建筑设计基础教学中的训练与应用，并提出在建筑基础教育中全面培养学生感知力、观察力、分析力、理解力、想象力、表达力等六个方面专业思维素养为主的教育理念和方法。

■关键词：建筑基础教育　专业思维素养

Abstract：This paper is on the basis of teaching reform practices of architecture in Tianjin University．It holds the opinion that the basic teaching of architectural design should achieve the transform from "knowledge accumulation" to "thinking construction" and emphasize the training and application．Then the article put forward the method of how to train professional thinking quality in basic education of architecture，which base on six main abilities：the ability of perception，observation，analysis，understanding and creation．

Key words：Basic Education of Architecture；Professional Thinking Quality

一、专业思维素养对基础教学的重要性

对于刚刚经过传统应试教育走进大学的学生来说，建筑学专业的基础教育不应仅仅停留在对建筑的一些基本知识和表达技巧上的掌握，它的教学目的应致力于使学生具有正确的建筑设计思维方式和设计方法；应该使学生在学习建筑设计的初始阶段，培养起他们对于所学专业的多向度思维，充分调动主体思维的能动性。多年的基础教学改革实践证明，完整的建筑基础课程教学内容应由两个方面构成，即设计规范、建筑制图、设计的常规表达技巧等的"建筑职业技能基础知识"，和体会建筑创作的理念和方法，尝试并探索表达设计理念的"建筑设计专业思维素养"。针对前者，改革前的教学方法就可以达到相应的教学目标，与其相应的教学过程形成了学生学习"建筑知识的累加期"。针对后者，"建筑设计专业思维素养"是不能仅仅通过原有的教学方式而获得的，它强调的是学生主体内在的思维能动性，即我们

所说的学习阶段有关建筑设计方法上的"思维建构"训练过程，这会对学生高年级的设计课程起到至关重要的作用。

天津大学从 1999 年起实行教学改革，建筑设计基础课程在 2010 年被评为全国精品课程。在多年的教学改革实践中，我们将建筑设计基础课程的主要教学目标逐渐定位于在给学生教授建筑基础知识技能的同时，更多地关注于学生建筑创作方法的专业思维素养的培训，全面注重专业思维素养的训练，在课程中逐步实现从"知识累加"到"思维建构"的转变，并通过一系列的课程训练，使学生在学习知识框架上形成"建筑知识"与"思维方式"相互补充的模式。

二、将"专业思维素养"融入设计教学

基于天津大学建筑设计基础课程已有的教学框架，遵循建筑设计思维培养的导向，进一步提出全面培养学生感知力、观察力、分析力、理解力、想象力、表达力等六个方面专业思维素养为主的教育理念和方法，并将这些专业思维的培养有机地融入原有的课题设置中（表1）。

"专业思维素养"与教学环节的融合　　　　　　　　表1

	设计课题	专业思维素养的训练纬度	课程环节	方法途径	设计表达
感知与观察思维训练	单一空间的感知与观察思维训练（6周）	单一空间功能属性的感知与观察训练	感知观察单一空间中某种特定使用功能的属性	调查研究，图解分析	建筑徒手表达，汇报演示
		单一空间尺度的感知与观察训练	感知观察单一空间中针对某种功能的空间行为尺度属性		
		单一空间艺术属性的感知与观察训练	感知观察单一空间中相关联的光、色彩等影响因素		
	城市空间的感知与观察思维训练（4周）	城市特定区域的功能属性的感知与观察训练	分析天津五大道区域的城市功能属性	调查研究，图解分析，比较研究	建筑徒手表达，汇报演示
		城市特定区域的空间尺度的感知与观察训练	分析天津五大道区域的城市尺度属性		
		城市特定区域的艺术属性的感知与观察训练	选择天津五大道区域，分析单体空间的城市色彩与风格		
分析与理解思维训练	建筑作品的分析与理解思维训练（8周）	场地环境的分析理解训练	分析建筑与场地的关系	图解分析，调查研究	模型制作，建筑制图
		功能流线的分析理解训练	分析建筑功能交通流线组织		
		空间结构的分析理解训练	分析建筑空间构成关系手法		
		建构技术的分析理解训练	分析理解建筑某种建构技术		
	城市街区的分析与理解思维训练（3周）	城市空间肌理的分析与理解训练	分析和理解城市空间的图底关系与城市肌理特征	图解分析，调查研究	模型制作，建筑制图
想象与表达思维训练	方盒子空间的想象与表达（8周）	空间限定想象与表达训练	在一定的空间结构体系内，进行空间形态构成训练	调查研究，图解分析	模型制作，建筑制图，汇报演示
		空间组合想象与表达训练			
		空间整合想象与表达训练			
	实体空间建构的想象与表达（6周）	空间节点想象与表达训练	完成从材料、节点单元到空间体系建构的想象与表达	调查研究，图解分析，用后评价	实体建构，建筑制图，汇报演示
		建构建造想象与表达训练			

1. 拓展思维维度

结合我们原有的教学目标和体系，我们将培养专业思维素养概念及其涵盖的维度补充到原有的设计课题当中，将六个方面思维素养的培养覆盖了单体空间设计、城市设计和景观设计中的主要问题点，使学生初步能从宏观到微观，再从微观到宏观全面地把握设计的含义和概念。

2．补充教学环节

扩充原有课题的教学环节和知识点，将每个课题拆解为多个不同的阶段，每个课题包含若干子课题，使其能和原有教学题目良好衔接，让学生能在多个教学环节的实践中更加系统地培养起全面的专业思维素养。例如，天津大学原有的"方盒子空间"创造课题被拆解为两个教学环节，即由原有的单一立方体空间创造，进一步拓展为群体空间的塑造，大幅度地提升和延展了学生从单体空间到群体空间的想象力和表达力。

3．提升研究途径

在教学中，按照"讲解基础知识－提出设计问题－进行研究分析－提出设计解决方案"的逻辑，使学生在教学中掌握设计思考和设计研究的方法。通过几个课题的实践，在教学方法引导中，强调学习方法和途径的多样化，以一系列设计课题为载体，培养学生日后在设计思维中需要的调查研究、数据分析、观察思考、讨论交流、团队合作等方面的思维和方法。

三、教学实践

1．感知力与观察力思维训练

■单一空间的感知与观察——"满足一个人生活的集约化空间"

作业要求学生熟悉建筑内的人体活动尺度，设计一个满足一个人生活的 3mX3mX5m 的空间。作业要求学生初步了解空间与人体尺度之间的关系，并初步了解运用基本的建筑构件，如楼板、墙、柱、门窗、坡道、台阶等作为空间形式的构成要素，建立起有序的空间秩序，进行具备一定功能的空间组合和设计（图1）。这是学生入学后的第一个设计作业，重点要求学生感知设计的本源和基本的空间概念，学会构思草图的表达与设计成果的汇报。

■城市空间的感知与观察——"城市重点地段的空间印象"

选择天津有特点的、原为租借地的五大道地区城市形态认知作为主题，引导学生通过实地调查分析，进行城市尺度的感知与观察。在对城市空间的感知和观察中，让学生有机会接触设计的前期工作，建立宏观的设计理念；并指导学生体验城市基本单元空间的尺度与城市群体空间的关系，进而对街区、街道等城市形态进行概括性分析和综合，通过图解和抽象的方式将感性的认知转换为平面的和可读的图示语言，并将自己对空间的感知与观察变成一张表达城市意象的拼贴图（图2）。

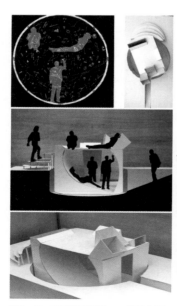

图1　单一空间感知观察——观星空间　　图2　城市尺度的感知与观察

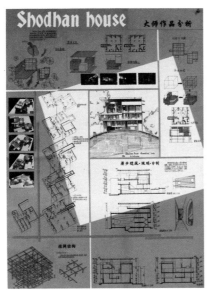
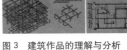
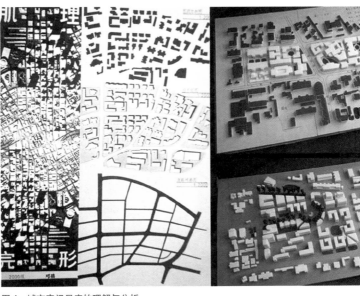

图 3　建筑作品的理解与分析　　　　　　　　图 4　城市空间尺度的理解与分析

2．分析力和理解力思维训练

■建筑作品的理解与分析——建筑作品分析

在设计课题中，引导学生通过调研和查找资料，自由选取现代主义建筑师具有代表性的经典建筑作品，在场地、功能、空间、流线、材料等方面逐一展开理解和分析，使学生初步掌握解读、分析建筑空间的方法和步骤。在教学成果中，要求学生在充分理解建筑作品的基础上，抄绘建筑的平面图、剖面图和立面图等，使其在抄绘中掌握建筑制图的基本技能；并通过制作建筑模型，加强学生对建筑空间的理解，进而引导学生对建筑功能、空间生成、行为流线、材料构造等方面进行深入分析，并利用图解建筑语言的方式来进行图纸表达(图3)。

■城市空间尺度的理解与分析——城市肌理完形

在对天津城市五大道区域调研分析的基础上，绘制区域平面图，并将大约500m×500m的一部分区域在区域平面中留白。要求学生在对五大道区域本身固有的城市形态和肌理结构的理解和分析的基础上，将留白部分重新填补完整，所填的每个单体空间形态必须与城市原有的城市肌理衔接自然(图4)。在设计中要引导学生充分理解和分析周围的城市空间与肌理，在设计阶段进行演绎和发展，利用图底关系分析和推敲城市空间与建筑实体的关系，最终使设计的建筑空间图形和城市环境自然地融合在一起。

3．想象力和表达力思维训练

■方盒子空间的想象与表达

方盒子空间的想象与表达为两个教学环节，即学生在第一阶段的12cm×12cm×12cm的立方体空间里，运用点、线、面等基本要素，在做一定的空间分割和空间组合练习的基础上，根据阶段1分析结论，4人一组，组内每人将其第一阶段空间作业进行变体，利用拆解、扭转、拉伸、拼接等手法将4个方盒子按照一定的秩序整合为群体空间(图5)。此作业进一步让学生通过想象和创造，充分理解每个单体空间之间的关系及其互动，体会单体空间到群体空间的演变过程与方法。

■实体空间建构的想象与表达

"实体空间建构"不仅仅训练学生对三维空间的想象和表达，更是开发创造思维，培养设计想象和表达的基本手段。在国外利用易操作的材料完成创造思维，已经被纳入到重要的职业训练过程。作业要求"从材料、节点单元到体系建构"，学生要参与实际建造并自行完成从设计到施工的全过程。设计阶段，除建筑设计外，还包括一定量的结构设计计算及实验、概预算等；在施工阶段，学生也可参与除建造本身在外的工期的计划，材料与工具的选购等。课题中，要求学生在对建筑材料特性充分分析的基础上，进行空间想象，利用材料本身的特

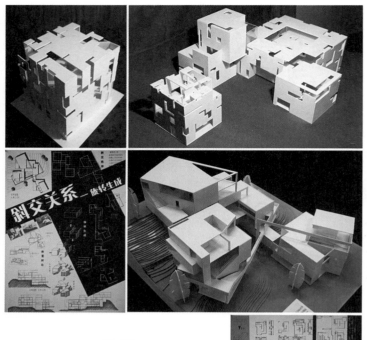

图6-1 实体空间建构的想象与表达

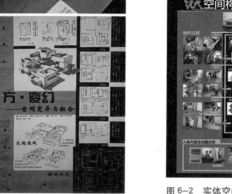

图5 方盒子空间的想象与表达

图6-2 实体空间建构的想象与表达

性和表现力，进行节点单元设计，进而将节点单元重复、扩展、变化生成具备一定的功能的、整体的空间搭建结构体系（图6）。

四、小结

多年的建筑设计基础课程改革实践表明，现代教育应以设计的观念、原则、方法的教育作为建筑基础教育的核心，在建筑基础教育中建立起全面的专业思维素养培养观是非常必要的。作为建筑的入门教育更应针对我国的教育现状，在学生的专业学习开始时，帮助他们突破习惯的思维定势，全面地建立起以感知力、观察力、分析力、理解力、想象力和表达力为主的专业学习思维素养。

参考文献：

[1] 许建和. 宋晟. 严钧. 建筑学专业创造性思维训练思考 [J]. 高等建筑教育 .2013 (3)：122-125
[2] 腾守尧. 审美心理描述 [M]. 成都：四川人民出版社 .1998
[3] 顾大庆. 视觉与视知觉 [M]. 北京：中国建筑工业出版社 .2004

作者: 李伟, 天津大学建筑学院　副教授

授业 解惑 传道

——建筑设计的入门教育

王靖 张伶伶 付瑶

Imparting Knowledge, Solving
Doubts and Transmiting Wisdom
——The Introductory Education of
Architecture Design

■摘要：从授业、解惑、传道三个层面，讨论建筑设计入门阶段，建筑教育的相关问题，总结出以空间为核心的教学体系，以解答疑问为重点的教学手段，以及通过"环境模块"的设定，来帮助学生树立环境观念的教学思路。
■关键词：入门教育 教学体系 教学手段 教学思路
Abstract：The paper made research on architecture education in the period of introductory architecture design from three aspects：imparting knowledge，solving doubts and transmitting wisdom．The paper also summarized teaching system which made space design as the core，teaching methods which focus on solving doubts，and teaching ideas that help students to establish environment concept through setting "environment module"．
Key words：Introductory education；teaching system；teaching methods；teaching ideas

　　古今中外，老师除了教授学生必需的专业知识以外，往往更应该告诉他们一些相关的基本道理。这样的教学思想，在建筑设计的教学中，特别是入门教育阶段，则显得更加关键。

　　二年级作为建筑学专业教育的入门阶段，如同要教会一个孩子走路一样，不单单需要告诉他怎样迈出步伐，更应该提醒他，怎样走路，走什么样的路，即告诉学生创作的基本道理，帮助他们树立正确的建筑观。

　　当然，建筑创作是一种个性化的行为。所谓合理的建筑观，应具有一定的通识性，这其中所包含的方方面面，虽然不如专业知识那样实在，却因为将影响学生的继续学习，左右他未来的创作方法，而显得尤为重要。

　　从2008年起，经历了四载春秋，在几十年教学思考的沉淀基础上，我们对旧有的教学体制进行了较大地调整。其调整是全方位的，从专业主干课到自由选修课，从一年级的基础教育到五年级的社会实践；不单单清晰了诸多课程之间的关系，也理顺了不同阶段之间的递进逻辑，将五年的建筑设计专业教育，分化为基础、入门、综合、拓展四个阶段，明确各自教学的重点（图1）。

在具体的入门阶段教学实践中，这里归纳为授业、解惑和传道三个方面。

一、授业

经历了一年级的基础教育，学生们对于建筑设计有了朦胧的认识，对于空间、比例、构成、色彩、墙体、楼梯等等专业内容，都有所了解。但是对于这些知识的了解，缺乏整体的认识，往往以片段的形式存在于脑海之中。如何将零碎的部件，组装成一个完整的建筑，就成为初次接触建筑设计的学生最为期待，也是最为困惑的地方，即设计的方法的学习。

授业，教授学生专业知识。在入门阶段，重点就落在了如何将学生引进门的问题上，即如何教会他们基本的设计方法。循序渐进，由浅入深，这是所有行业起步教育都深谙的道理，建筑设计的入门教育也不例外。我们将建筑设计最本质的东西提炼出来，以其为核心，围绕它来设定题目，可以绕开繁杂的相关因素，让初学者不至于晕头转向，教者不至于难寻要领。

空间，是建筑最为本质的要素，也是建筑活动的最终目的，自然而然成了入门阶段教学所要围绕的核心。依据这一核心，我们设定了四个递进的训练内容——简单空间布置设计训练、独立居住空间设计训练、单元空间组合设计训练以及小型展览空间设计训练。这种设定方法，旨在摆脱传统教学模式中按照建筑功能来设定题目的弊

端，将教学目的反映在题目上，显而易见，清晰可辨。每个训练内容所依附的实际建筑题目，既可丰富多样，又可与时俱进。一方面通过可选性，增加学生的学习兴趣，另一方面通过可变性，增加教师的更新意识。

简单空间布置设计训练作为第一个设计题目，其建筑规模不大，训练的内容单一，但目的极为明确。我们往往选择小茶室、休闲驿站、咖啡厅、网吧等等建筑类型，引导学生利用不同的建筑要素，去限定空间和划分空间，并在其中布置家具。这些划分与限定的逻辑，除了简单的功能要求外，则是以人体尺度为依据的基本空间要求。

第二个题目，独立居住空间设计训练，从某种意义上讲，秉承了传统教学中小别墅设计的教学思路。在这里，我们不谈别墅，而是强调居住空间，这是二者最大的区别。其体现在对于居住空间的理解。因居住的人不同，空间将会有不同的划分要求，所以在建筑题目的设定上，我们提供了林间度假、农舍宅院、城市夹缝等类型，要求学生自定使用家庭的构成与喜好，设计中体现出不同条件下，建筑空间应该作何反应（图2）。

单元空间组合设计训练的设定，是在学生对空间尺度和单体建筑设计较为熟知的基础上，引入的设计训练内容。单元空间，即重复相似的空间。将这些空间组合起来，在建筑设计层面，也就是从单体建筑跨入到群体建筑的设计阶段。支撑这一设计的建筑题目，除了传统的幼儿园外，我们还考虑了养老院、小学校以及老年活动中心等具

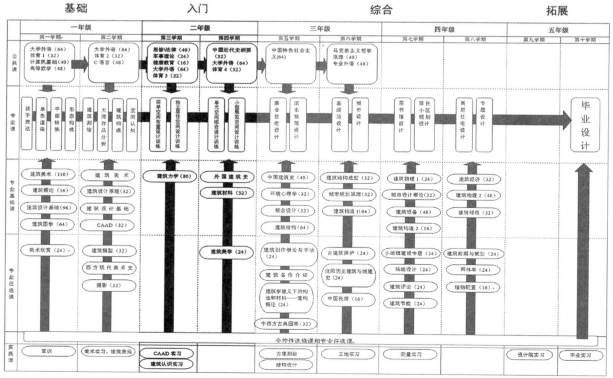

图1 建筑学专业教学拓扑图

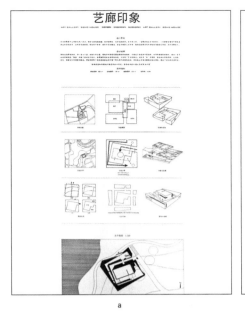
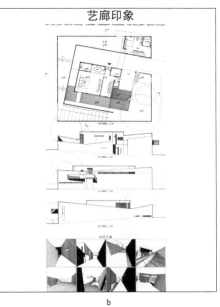
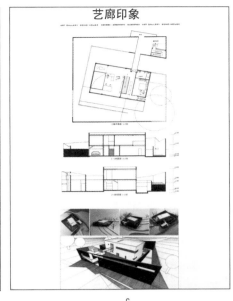

图2 《艺廊印象》（作者：董魏宏，指导教师：王靖、梁燕枫，获全国2011年优秀作业奖）

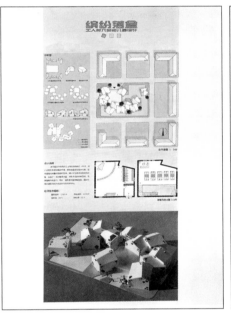
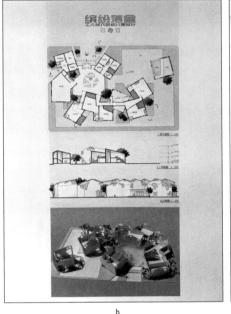
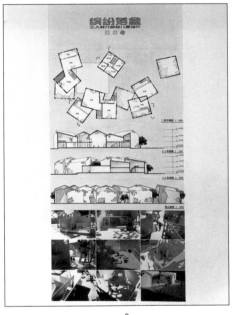

图3 《缤纷落盒》（作者：朱傲雪，指导教师：王靖、武威、黄木梓，获全国2012年优秀作业奖）

有单元空间特征的建筑类型（图3）。

入门阶段的最后一个题目，是自由度较大的小型展览空间设计训练。之所以选择展览空间，其目的是为了让学生充分地发挥创造能力，塑造不同尺度的空间，并且将这些空间有机地串连起来，形成空间序列。从单一空间的限定，到复杂空间的衔接，也就是给三维的空间思考，引入了时间这一第四维度的因素，让设计者真正地置身空间之中，通过空间游走，体会空间的魅力。至于所要展览的具体内容，由学生自定。因此题目也就五花八门，从摇滚到80年代；从民俗到未来生活体验；无不透露出学生们出于自己的兴趣，而倾注的设计激情（图4）。

二、解惑

对于求知者来说，从一无所知到有所了解，是一个极其重要的过程。在这个过程中，往往有着无数的困惑。

解惑——解答学生的疑问，是建筑教育区别与其他专业教育的显著特征。从建筑设计的授课特点来看，一对一的设计辅导，用"解惑"一词来形容，似乎比"授业"更加的贴切。即使同一题目，不同的设计者也有不同的解答，这就是建筑设计的特征，从而决定了建筑设计课，必然让教师走下讲台，与学生促膝而谈。举个例子，一个8周的设计课程，总共64学时，其中第1周

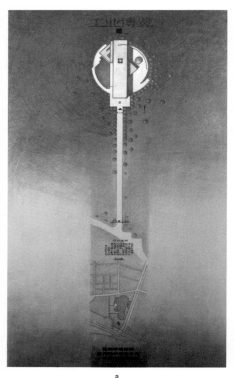
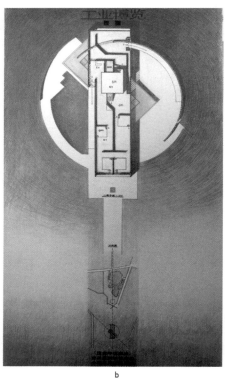

a   b   c

图 4 《工业博览》（作者：李晏，指导教师：刘万里、戴晓旭，获全国 2011 年优秀作业奖）

为原理公共课，占去 8 学时。剩下的 56 学时里，除了安排的几次集体讲评外，大部分时间里，教师都是与学生就其方案中的诸多问题，一对一的讨论。

这样看来，"解惑"就成为建筑设计课程中喜闻乐见的方式和手段。

在入门阶段中，我们除了要求教师一对一地满足所有学生的方案辅导，还专门设定了五个集体"解惑"的时间点。第一，准备阶段讨论课。通过学生对于基地和建筑基本资料的搜集，绘制调研成果，大家集体讨论，学生集体发问，教师则统一解答。第二，构思阶段讨论课。这一个课程，往往设置在第三周，就学生们对于方案的初步构思展开讨论，有助于学生创作灵感的相互激发，并就环境、功能和建筑体量等疑问，提出原则性的解答。第三，完善阶段讨论课。这一集体"解惑"课，都放在第 7 周进行。这一时期，学生的方案已经基本成型，所面对的问题，基本上都集中在了较为细节和局部的位置，诸如楼梯踏步、室内外高差、门窗洞口、材料选择等等，其中不乏共性问题，也就可以共同解决。第四，班级讲评课。这一公共讨论课，都会放在课下进行，针对学生们所交图纸中反映出的具体问题，集中进行讲述，可以让学生印象深刻，起到惩前毖后的效果。最后一个讨论课，则是年级联评环节。将各个班级里方案特点鲜明，完成度较高，图面效果理想的作业，集中起来，由各个班级教师负责讲解，所有年级学生前去提问。这里除了纵向的比较，更有横向的对比，学生可以从中找到差距，看到不足，教师也能够相互学习，讨论教学方法（图 5）。

关于"解惑"，需要重点强调的，便是"解惑"的媒介问题。传统教学往往重视草图的绘制和表达，学生和老师的沟通，则是在这个二维的媒介上，讨论三维的问题。因为不够直观，难免出现教师读图不细，学生理解不了的弊端。所以我们要求学生每一堂课，都应该有手工模型的跟进，从构思阶段的体块模型到最终的成果模型，将三维的问题，反映在可以触摸和感受到的三维模型上。问题直观而易查，学生也容易理解和接受教师的建议。除此之外，由于计算机的普及，是否允许学生在入门阶段使用电脑制作的模型来研究问题，成了建筑教育界争论的一个话题，众说纷纭，各有依据。我们还是希望通过手工与纸张以及模型材料的接触，让学生体会操作过程中的真实感，体会真实模型所带来的感染力（图 6）。

三、传道

入门阶段的建筑设计教育，在整个五年的专业教学过程中，处于十分重要的位置。这个重要性，更多的体现在教师的"传道"上。

图 5　年级联评课现场

图 6　《吉他博物馆》手工模型（作者：史梁；指导教师：刘万里、崔越）

　　传道，传授道理，即基本的建筑设计观。一种观念，会影响和指导人的实践行为，往往也会养成一种做事的习惯。建筑设计的观念，或者说是理念，会随着时代的演变，科技的发展，以及其他学科的影响，而产生变化。并且，不同的设计者，往往秉承了不同的设计观念。

　　对于入门阶段的学生来说，树立起完备而成熟的设计观念，并不现实。但是，在他们树立具有自己个性特征的设计理念的道路上，对于建筑和建筑设计活动最为基本的认识，将决定他们未来能否形成一种理念，以及这种理念能否与现实接轨，能否具有社会责任感，能否指导他们创作出色的作品。

　　对于建筑来说，除了空间，还有一个要素不受其他因素的影响，却始终对建筑起着至关重要的决定作用，那便是环境——建筑所要根植和依附之所。当它和建筑发生对话时，则被称之为"场所"。

　　当懵懂的二年级学生，问老师建筑的灵感应该从哪里找寻时，往往会让教师语塞。因为灵感的出现，需要通过一个黑箱思考过程，而其中到底发生了什么，才产生了朗香教堂那样的经典建筑，是任何建筑师无法回答的，包括柯布西耶本人，怕是也不能像演算一个公式一样，清晰地娓娓道来。

　　但是我们却会发现，倘若朗香教堂屹立于繁华的闹市中，处在密集的楼宇间，必然不会像在浮日山区的山坡上那般的静谧迷人。也就是说，优美的自然环境，与雕塑一般的建筑实体，相得益彰，和谐同处。事实上，同悉尼歌剧院、美国国家美术馆东馆和天安门城楼等诸多经典建筑一样，与环境取得对话，是建筑设计中一条不争的定律。

　　由此可见，从环境入手，分析问题，找寻设计的灵感，是任何一个建筑创作者，应该确立的基本设计观。

　　正因如此，我们设定了一个全新的"环境模块"，将它应用于整个入门阶段的教学过程之中。所谓"环境模块"，就是选定几个具有鲜明自然环境特征，或者独特人文环境氛围的区域，在其中指定或者让学生选择用地，通过反复的环境解读，让学生意识到不单单是用地现状本身，其所处的区域环境特征，都影响和左右着创作活动。

　　模块的设定，需要具有真实性、地域性、复杂性和可达性四个特点。教学中，我们共设定了三个"环境模块"。其一，铁西工业旧区地段。这里曾经是沈阳的工业区，

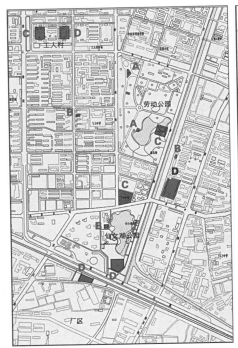
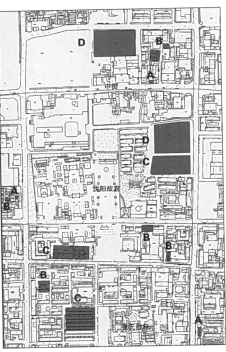
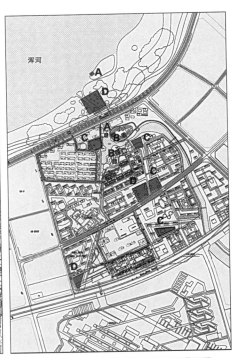

图7 环境模块1—铁西工业旧区地段区域范围图　　图8 环境模块2—方城历史街区地段区域范围图　　图9 环境模块3—浑南新型街区地段区域范围图

区域中只有零星片段留存下来，成了珍贵的城市历史印记。如何在建筑设计中考虑已建成环境的限制以及工业旧区的文脉影响，是选取这一地段的教学目的与重点（图7）。其二，方城历史街区地段。作为沈阳历史最为悠久的城区，这里曾经是都城盛京的核心所在，地段内拥有"沈阳故宫"、"大帅府"、"中街"等重要历史建筑和街道。如何在这样的重要历史区域内进行建筑的设计，平衡新旧关系，成了选取这一地段后的教学重点（图8）。其三，浑河新兴街区地段。沈阳浑南新区，是城市跨河南向发展而形成的新区，地段北临浑河，主要包含新建商品小区、沿河自然绿带公园及部分大学城用地，具有当下典型中国城市新区特征。如何在缺少历史文脉限制的新兴街区及自然环境中发挥创造性，营造高品质的场所与空间，则是这一区域中需要思考的问题（图9）。

　　这三个"环境模块"，各有特点，从传统文化的影响，到近代历史的印记；从朴素的工业遗迹，到时尚的现代建筑；从城市环境，到自然环境……多样的环境，多样的选择。在这个过程中，因为有了学生的选择过程，自然会容纳着他关于所选地段的认识和解读，这恰恰是引领学生树立环境观念的第一步。

　　当然，合理的设计过程，正确的设计方法，完善的深入习惯等，都可以称之为基本的道理，这些自然也应该融入到入门阶段的教学过程中去。

作者：王靖，沈阳建筑大学建筑与规划学院　建筑系二年级教学组长，副教授；张伶伶，沈阳建筑大学建筑与规划学院　院长，教授；付瑶，沈阳建筑大学建筑与规划学院　建筑系系主任，教授

"In&Out"

——低空信息获取技术辅助建筑设计

李哲　李严

"In&Out"
——Technology Development of low-Altitude
Spatial Data Acquisition for Architectural Design

■摘要：本文以"千佛崖窟檐设计"这样一个专题设计课程教学过程为例，介绍"低空信息采集"技术所能获得的各种场地信息、成果形式以及这些信息如何用于辅助建筑设计。通过本文可以看到"信息输入"在建筑设计过程中起到的作用越来越大，相关的技术手段也已达到新的高度。

■关键词：输入与输出　低空平台　多媒体　建筑设计

Abstract：Taking penthouse roof designing of Qian Foya Grotto as an example，this paper introduce several kinds of data acquired with UAV platforms，and the usage of these data for architectural design．Through the discussion，we can get the result that information—input plays an increasing role in design process，and related technologies have reached to a higher level．

Key words：In&Out；UAV Platform；Multimedia；Architecture Design

一、前言

建筑设计的过程可以被看作信息输入与信息输出的过程。地形图、建筑照片、环境指标、植被分布、人的行为统计数据等资料都是现实场地、空间经过提取后的信息形式；设计方案、施工图则是建筑师输出的新信息，根据这些信息进行建筑施工，将虚拟世界的数据转化为真实的空间存在，构成完整的建设过程。

对于场地现状比较复杂的项目（例如旧城区改造、旧建筑更新、建筑遗产保护等），对现状信息的需求较高，以三维空间测量为核心的多种信息获取是设计开展的必备条件，如果仅有地形图等传统的基础资料是难敷使用的，大多需要进行现场调研、数据获取工作。

伴随社会发展，旧建筑保护与更新类项目越来越多，场地调研所占工作比例越来越高，信息"输入"的种类和质量直接影响着后续的信息"处理"工作水平。但因为场地内旧建筑遗存多，所以信息获取工作量大；因为环境复杂，所以调研实施难度高；因为建筑遗产需要保护和修复，所以对数据精度要求苛刻，因此，目前我国的建筑设计活动更加需要多媒介信

图2 从西北方向看千佛崖山体（Google Earth 截图）

图3 从下向上看千佛崖石窟

图1 画面正中突出的山脊为千佛崖（Google Earth 截图）

息采集新技术的支撑，而不仅仅是基础地理资料。本文将以三周集中式本科设计课作业——"千佛崖窟檐设计"为例，介绍"低空信息采集"技术可以获得的多种类型信息成果，以及这些信息如何用于辅助建筑设计。

二、千佛崖石窟群保护工程简介

千佛崖石窟群位于四川广元市北郊嘉陵江东岸一块突出的崖体之上（图1），造像区总长度超过 380m，现存大小佛像 7900 余躯，是四川地区最大的一处石窟群，也是我国历史上开窟造像活动由北向南延伸的见证，因此具有重要的历史意义和研究价值。

四川多雨，造像受水蚀严重；崖体面朝西北，冬季时上游江面吹来的劲风对松散的沉积岩材料破坏亦不容小觑，因此国家文物局计划为千佛崖建造一个保护性窟檐，这是震后四川遗产保护计划中很重要的一项工程。该窟檐建筑已委托清华大学的专家进行设计，本文作者仅参与了其中的前期测绘活动，使用基于无人直升机的低空信息采集平台，获得千佛崖的测绘数据和图像资料，由此制作出计算机模型、正射影像、全景漫游动画、实体模型等成果。按照本文的观点来看，这属于典型的场地信息采集工作。

同时，天津大学建筑学院正在试行"三周集中式专题设计"教学改革，目的之一是突破传统命题按照建筑面积和功能进行分类的局限，让本科学生可以接触各种新类型专题设计。参与遗产保护类项目是具有长远意义的，而且窟檐设计又是"简洁但不简单"的新题目，适合于学生短时间设计探讨、尝试，所以在测绘完成后《千佛崖窟檐设计》成为学生可选的专题设计之一，低空信息采集成果也应用到整个设计与教学过程中。

三、设计教学过程与信息采集成果应用

对于从未到过千佛崖现场，但必须在三周时间内完成设计作业的学生来说，向他们完整、详细介绍千佛崖的历史演变、破坏因素，以及有限场地和富于特色的空间与风貌，是设计开展的首要任务。除了历史知识，大部分介绍内容都需要图像资料为载体。类似于绝大多数项目，教师首先利用 Google Earth 截图展示地块所在的总体地貌（图2），使学生对周边地形环境建立初步的认识，但在这样的分辨率下无法显现出石窟的具体形态。一般情况下，我们会利用调研时拍摄的照片来弥补基础地理资料在细节上的不足，但是千佛崖崖壁和江面之间仅有不到 10m 的通道，拍摄角度太小（图3），难于展示几十米高、300m 长的石窟全貌；在对

岸拍摄距离远，不仅难于拍摄石窟细节，而且也看不到山顶的情况。因此教师介绍过程中使用了第一种信息采集成果：无人直升机远距离拍摄总体自主拍照片。

1. 无人直升机远距离拍摄的总体航拍照片。

照片是从不同高度拍摄的，高度低、角度接近水平拍摄的照片适用于展示石窟，高角度照片适用于展示山崖全貌。由于使用4000万像素的相机拍摄，所以从高分辨率照片中可以清晰分辨江面风撞到崖面后向上流动造成的纵向切割痕迹，并用箭头表示出来（图4）。使用这样真实的图像资料可以生动、准确地向学生解释风蚀究竟是怎样发生的。

2. 低空、近距离获取的多点全景漫游影像用于近距离观察石窟局部细节。

无人机拍摄的航片比卫星资料详细得多，角度也自由多样，但对于石窟本身的特写仍不足，观者的临场感也不够，所以为了加深学生对现场的感知程度，教师使用了第二种信息采集成果——"低空全景漫游"对千佛崖本身继续进行介绍。

大多数人对全景漫游并不陌生，它具有较好的临场感，现场完成拍摄后，即使身处异地也可通过观看全景漫游重温调研场景。无人直升机低空、近距离（50m高度以下，崖面旁10～20m远）拍摄的环视照片也可以被制作成全景漫游成果，和普通的全景相比有几点不同：

① 空中近距离拍摄使得学生不用到现场、不用爬栈道，更不用搭脚手架，在短时间内就可以自由观察石窟群中处于高处的石窟，全景漫游还可以缩放视野，对于洞窟内的佛像轮廓也可以展现，所以使用空中全景漫游对遗产的了解全面和细致。

② 空中全景漫游不仅能特写石窟，还收纳了嘉陵江上、下游、江对面的景观，天空和脚下空间也没有盲区，所以临场感非常好。好的临场感是虚拟现实的要求，也是设计思路的源泉，是调研的初衷，所以对于建筑设计师来说，全景漫游是很有用的参考资料，在方案构思的过程中随时可以拿出来看。

③ 空中与地面环视影像链接起来可以构成完整的漫游系统。在高级全景制作软件中可

图4 高角度航拍照片中的气流侵蚀分析

图5 全景漫游系统截屏与多点拍摄链接图示

以用红点标示出多个拍摄点位，学生通过点击圆点符号（图5），可以随时"让自己飞越到其他点"，切换空中观看位置，这其中除了可以看到后山的高空点位之外，也可以包括地面人工拍摄的环视影像，从而构成完整的"千佛崖全景漫游系统"，学生通过"飞来飞去"达到对山体、石窟、场地最直观、生动观察的目的。

拜全景漫游所赐，山崖顶部石窟遭水蚀、植物破坏的结果跃然屏幕之上，但是由于空中全景漫游很少见，所以在教师介绍过程中，学生的注意力大多放在了技术本身上，分散对遗产本身认知的核心目的，所以笔者觉得设计师应该需要一段时间来逐步适应新的"信息类型"。

用 Google Earth、航片、全景漫游三种图像信息已经可以将千佛崖的风貌全面、细致、形象地介绍给学生，达到开题的目的。但建筑设计需要准确的测量数据，所以进入方案设计阶段后使用的是第三种信息——低空测绘数据，及其衍生出的多种成果。

3. 点云三维数据在窟檐建筑设计过程中起到核心资料作用。

测绘数据是设计的必要条件。曾有测绘单位受托使用三维激光扫描仪对千佛崖进行扫描以获得点云。但崖壁下很窄，扫描角度太小；江对岸距离约300m，超过激光最佳射程，更难于获得

图6　附材质前后的点云模型对比

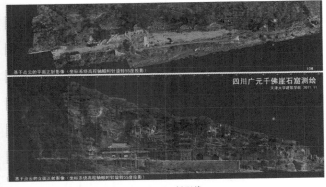

图7　基于点云投影而成的平面、立面正射影像

后山的坡向、坡度数据，所以最终采用低空摄影测量技术来实施。

和激光扫描成果类似，摄影测量也是用"点云"来描摹现实物体，但区别在于摄影测量获得的每一个三维点都"天然"带有准确的、真实的色彩数据，所以点云的真实感更好，对于高密度点云（1500万个三维坐标点组成）崖面模型，附材质之前难于分辨你我，但附材质之后甚至看上去与照片无异（图6）。对于后山的测绘也是采用类似的做法，唯一的区别是将近似水平拍摄重叠照片变为竖直向下拍摄，两种拍摄分别获得崖面和顶部点云模型，按照坐标系投影，可获得立面、平面正射影像（图7）。正射影像不仅带有丰富的实景信息，而且具有准确的投影尺度，已经可以直接用来画建筑的平、立面图了。

对于石窟这类由不规则形物构成的群体目标来说，正射影像比CAD线图更为有用，提供的信息更直观、更丰富。正射影像如此好用，以至于笔者在提供给学生做资料之后，也将其打印出来并裱到硬质底板上，再铺上草图纸给学生改方案，底图可以显示出每一个石窟所在的准确位置，使得画草图具有准确的依据。

4. 基于点云获得的多类型测绘成果。

除了点云正射影像，CAD 立面线图、剖面图也是必需的，清华大学在低空测绘实施之前做的方案设计图中，由于缺乏准确的崖面数据，所以只好手工绘制山体剖面的大致轮廓（图8），数据的缺乏给筑设计造成了巨大的困难。在三周集中设计过程中，教师则给学生提供了崖体多轴剖面图（图9），这样设计贴近崖面的建筑构件时就有了数据基础。此外学生也需要CAD立面为基础来绘制大量的方案图，所以他们组织起来合作绘制了千佛崖立面线图。

为了更好地推敲方案，学生们还利用测绘数据制作了 Sketch Up 计算机模型以及 1：200 的木质实体模型（图10）。在三周设计的方案讨论过程中，教师与学生大多围绕在实体模型旁进行探讨，形成"语言＋草图＋模型"的多层次交流手段，沟通非常顺畅，大家切身体会到实体模型在设计过程中不可替代的作用。计算机模型则是学生在出图阶段的"最爱"，可以根据方案特点改变崖体模型的色彩、光线等外观（图11）。

5. 透视精确匹配的实景合成表现图。

除了生成点云，摄影测量还可以计算出相机拍摄时的精确三维坐标与角度参数，这一点在实景合成方案表现图时非常有用，如图12所示，摄影测量软件给出这张高角度航拍照片拍摄位置与江边路基基准点的相对坐标是：西 114.888m，南 2.935m，相对高度238.841m；相机三轴倾角分别为 10.333°、−36.682°、−76.452°，而相机焦

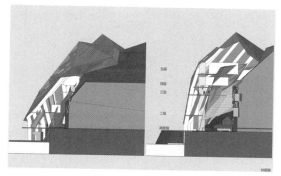

图8　千佛崖窟檐设计方案剖面图（清华大学）

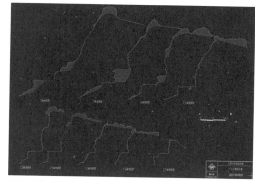

图9　基于点云剖切而成的多轴剖面图

图10　基于测绘数据制作的实体模型

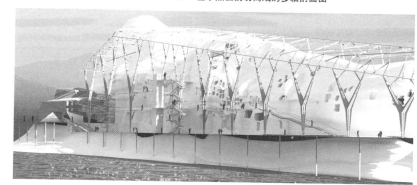

图11　学生设计方案表现图示例

距为30mm，使用这些数据确定模型渲染的虚拟相机参数，可以获得透视精确匹配的实景合成表现图。不过，学生经常使用的Sketch Up软件不能够直接输入相机参数，所以他们是参考着数据人工放置相机位置，相较于其他高级渲染软件，操作稍繁琐且不精确，但完全不影响实用效果。

对于旧建筑改造、建筑遗产保护这类设计项目，实景合成表现图与计算机模型图相比，具有更佳的真实感和可信度，更便于决策者评估方案的可行性，所以今后的应用会更多。

四、低空信息采集的功能拓展

以上是在整个三周集中设计过程中，低空信息采集技术已经提供的各种资料，及其在设计的不同阶段所起的作用，但信息采集技术所能提供的信息种类远不止于此。千佛崖的遗产数字化工作才刚刚开始，笔者还将赴现场进行深入的外业工作，作业内容包括：

① 石窟及佛像精细测绘。已经获得的崖面点云密度不足，最小点间距超过3cm，不足以表现

图12　透视精确匹配的实景合成表现图

图 13　航拍照片中的江边游泳者

佛像细节，所以将再次使用无人直升机在 5m 左右的超近距离上拍摄石窟，获取山崖高处浅窟的数字化模型。

　　② 红外测量。使用红外成像仪在一天中的不同时间段拍摄崖面，测量崖体温度变化并分析石窟破坏与温度变化的关系。

　　③ 其他环境指标测量。待测参数包括崖体不同表面位置上的照度、空气湿度、风速、成分等，分析石窟破坏与环境指标之间的关系。

　　对于本科学生作业，基本的图像和测绘数据作为现状资料已经足够了，但对于真实的遗产保护工程，以上这些深入的信息采集工作都是必要的、关键的，我们可以看出：信息采集对建筑设计的重要性越来越高，新技术手段的功能越来越强，对于辅助设计的贡献越来越多——信息采集成果贯穿于从项目介绍、场地分析、方案构思到设计图纸绘制的全过程。低空信息采集成果的种类也越来越多，几乎可以涵盖建筑遗产保护设计所需的各个层面。

　　信息的利用潜力是无限的，这与信息使用者的细致观察有关，例如对于同样的航拍照片，我们除了石窟形态，还能够发现很多相关信息。笔者在航拍照片中发现千佛崖南侧江边有很多游泳者（图 13），这里的岩石平坦，江面变宽，水流和缓，形成天然的游泳场，后经询问当地人，发现这里不仅是游泳场，还是钓鱼比较密集的区段，所以三周设计要求学生新建建筑与环境尽量不要干扰或违背当地居民的行为习惯。

五、结语

　　虽然"千佛崖窟檐设计"只是一次专题设计教学实验，而且用于例证的信息成果种类有限，信息采集活动没有完，还需要进一步深化，但是以管窥豹，我们可以看到综合信息获取、处理、分析对于广大建筑师，对于越来越多的旧建筑保护与更新项目，都具有普遍的价值和深远的意义。当年在计算机辅助建筑设计技术出现后，"信息处理"（即建筑设计）的效率、图纸等"处理结果"的准确性都得到大幅度的提升，建筑师可以设计"鸟巢"这样结构复杂的现代公共建筑。现在低空信息采集技术成熟后，"信息获取"的能力也显著增强，数据的深度和信息的种类（广度）都大幅拓展，建筑师可以根据准确、全面的数据资料进行建筑保护与更新设计。

　　信息采集与信息处理技术都是辅助建筑设计的手段，不过在操作流程上属于两个不同的阶段，所以只有两个阶段辅助建筑设计技术都成熟，才能构成平衡、完整的辅助建筑设计技术链。在当今"物联网"的时代背景下，信息获取水平比信息处理技术显得更为重要，如果依本文作者观点，我们不应该再使用"计算机辅助设计"这种说法，因为它是不全面的，应该称之为"信息链技术（或物联网技术）辅助建筑设计"。本文并没有使用这一名称作为题目，是因为技术仍处在发展阶段，"信息链路"在千佛崖案例中表现尚不完整、不成熟，今后的研究工作必将以此新概念为出发点，以完成更为典型的实际案例为目标。

（基金项目：国家自然科学基金资助项目，项目编号：51008204、51108305）

作者：李哲，天津大学建筑学院副教授；李严，天津大学建筑学院讲师

《城市规划原理》教学中的课程意识及其生成意义

陈力　关瑞明

Curricular Consciousness in the Teaching of "the Urban Planning Principle" and Its Meaning to Forming

■摘要：课程教学在本质上是一种反思性实践，是创造意义的过程。教师的课程意识，最终以课程设计及其实施方式得到反映，及课程的内在价值得以实现为体现，课堂教学应成为终身学习的母质。以《城市规划原理》课程教学过程为平台的、研究式的互动教学，预设课程的动态实施，创意地开发课程资源，以及变学生为主动地探索知识等教学方式，不仅为未来的规划师创造一个不断发展的知识结构和思考空间，而且还可以提供一种长期有效的学习方法、工作方法和研究方法。

■关键词：城市规划　课程意识　研究式　动态　主动

Abstract：The curriculum is a kind of rethinking practice in essence and the process of creating meaning．And the teacher's curricular consciousness is reflected by the curricular designing and its method of execution finally，which is also fulfilled by its internal value．Therefore the education in the classroom should be the matrix of learning in all one's life．The opening，inquisitive and interactive education style，as the platform of education of "urban planning principle"，not only create sustained variation intelligence construction and thinking realm，but also provide long-playing and effective method of learning，working and research．

Key words：urban planning；curricular consciousness；inquisitive；dynamic；initiative

　　社会转型过程中的深刻变革及其对人的生存方式所产生的渗透式影响，对当代教育提出新的要求。城市与建筑的发展从来都与其所处的社会背景协调一致，建筑教育如何面对特定的历史时空，把握机遇，以更广阔的环境观组织教学，扩大学生视野，建立开放的、科技和人文相结合的知识体系[1]，学生不仅能随时接受新知识、吸取新思想、接触新科技，而且能创造性地组织实际操作，变美好蓝图为现实的人居环境。显然，单纯传授知识的教学方法已不能适应新的教育目标。全新的教育理念，要求教师具备良好的课程意识和课程生成能力。

　　对课程系统的理解与把握乃至创造的程度，反映了教师的课程意识状况和课程建设水平。在建筑学专业教育中,《城市规划原理》(简称《城规原理》,下同)课程提供了将现实生活与城市规划中某些相关概念融会贯通的机会,以新的时空观从区域化的视野观察、研究城市与建筑,走向理论与现实、人工与自然的有机结合,以及对土地、自然和社会的尊重[2]。倡导广义的、综合的观念和整体的思维,在广阔的天地里寻找新的专业切合点,解决问题,发展理论,是时代赋予《城规原理》课程教学的历史使命,而教师的课程意识则是成功教学的重要基础。

1.从独白式单向教学到研究式互动教学

对课程系统的基本认识是教师课程意识的核心,它最终是以课程设计和课程实施的方式得到反映,及课程的内在价值得以实现为体现。新的教育理念要求课程应与社会、经济和文化协调,与学生身心发展呼应,与当代学科进展同步。改变传统的教育观和学习观,改进旧的学习方式,学生通过与客观世界对话、与他人对话、与自身对话的过程,形成一套自己特有的解读信息和建构知识的方法。

《城规原理》以其特有的知识体系,为这种新的教育理念下的课程教学提供了实践的平台。在原有的教学内容与课程结构基础上大胆改革,打破传统的教师"独白式"信息传递的单向教学模式,创造情景让学生以自己的生活体验去观察世界和解读信息,师生共同参与知识创造性的教学过程,采用一系列在教师引导下的学生自由选题、经实态调查、资料搜集、论文撰写和课件制作等环节,最终以课堂演讲与辩论相结合的形式展示自己学术观点的"研究式"互动教学方法。由于增加了课堂教学的难度和自由度,学生的学习主动性与积极性大大提高。多年来,就生态问题、古城保护与更新、城市广场、城市交通、数字化城市、老年化住区、人性化空间、城市步行区、家庭办公(SOHO)及未来城市规划和地理信息系统(GIS)等热点问题从不同的角度、在不同的层面作了较为深入的探讨,并通过激烈的课堂辩论活跃思维、明晰思路。更重要的是,这种教学过程使每个人都有机会分享别人的研究成果,从而达到拓宽知识、提高学习效率的教学目的;同时还熟悉了科技论文写作的基本步骤与方法。十多年来的教学实践证明,新的教学方式是积极的、受欢迎的、效果是明显的。

教学的目标不是教师独白式的单向信息传递,教师不再是"教教材",而是与学生一起,引导学生探索他们所经历的一切。在学生的研究式学习中,给予积极的应答、调动兴趣、保持热情、达成学习目的,使课程得以完成。教师以自己对教学内容的全面掌握和独特理解为基础,从教育目标、课程设置、教学要求和效果评价等维度来整体规划教学过程,从而成为课程教学的动态构建者,以整合的理念和策略对待教育活动,把握课程问题,通过师生的共同参与,在特定的文化背景和社会环境下重建意义结构的过程。

2.从静态的课程预设到动态的课程实施

课程不是一个静止的、完全预设的和一成不变的教育载体。作为一种创造性的活动,在课程实施过程中,教师应时刻以独到的目光去理解和体验课程,将自己特有的人生体验和感悟渗透到课程实施的过程中,有机地融入课程内容,创造出鲜活的经验,成为课程的创造者和开发者。因此,选择课程内容,结合发展趋势,变革学习方式,这一过程中,教师是课程由静态预设到动态实施并进入学生生活领域的设计者和实施者。

课程预设与课程实施之间存在时间差,现有的教材通常难以及时反映当前学科动向与发展中的热点话题。就城市规划而言,我国地域辽阔,地区经济发展、文化背景和地理条件差异较大,发展趋势与解决问题的模式也不尽相同,与预设的《城规原理》课程内容不可能完全一致,需要课程教学的建构者根据"当时当地"具体情况加以动态地增减、调整。由同济大学主编的《城市规划原理》已经出版发行了四版,是中国城市规划学和建筑学专业教育的经典教材。试用教材第一版于1979年出版发行,第二版于1991年出版发行,第三版于2001年出版发行,该书的第四版于2010年出版发行。从第一版到第四版的发行每隔10年,城市发展翻天覆地,城市理论不断丰富。而1979年改革开放至今,也正是我国城市化、城市建设飞速发展时期。因此,以10年的周期而言,统编教材知识老化问题凸显,亟待更新。教师在课程实施过程中完全有空间或有可能对预设的课程内容进行选择、拓展、补充和增减,对学习方式进行创造性设计,甚至对预设课程中与当地实际情况不相宜或不合理的方面进行修正，在修正的基础上重建课程。课程内在价值的实现，只有师生在课程实施过程中，在与特定的自然条件、社会环境和文化背景的能动作用中，才能与时俱进。

课程的预设是教育管理部门和课程审议者等有关人员以对学生培养和社会需求为目的设计开发而成的。教师在课程实施过程中，面临的首要任务是理解和把握预设课程的基本规范和普遍要求。但由于预设的课程是以对学生和社会的普遍性研究和把握为基础的，因而不可能适合每一所学校、每一学科具体情况下的课程实施。教师以所在学校、学科对培养目标的整体把握，及自己对教学内容的全面掌握和独特理解为基础，成为课程教学的动态构建者；以整合的理念和策略对待教学活动，使静态的课程预设走向动态的课程实施。

3. 从简单地利用资源到创意地开发资源

教材是课程的重要载体，是课程实施的文本性资源。然而，在教学实施中，教材是有所选择的、可以变更和不断超越的。鲜明的课程意识拒斥"圣经"式的教材观。任何课程实施都需要利用和开发大量的课程资源，创造性地利用教材。教材不是课程的全部，只是师生对话的一个样本。一方面，教师要善于结合学生的实际，联系学生的生活经验和社会实际，"用"教材而不是"教"教材。另一方面，教师应在可能的条件下组织协作学习（开展讨论与交流），并对协作学习过程进行引导，使之朝有利于意义建构的方向发展。

在《城规原理》的课程教学中，教材的形成时间长，知识系统性强，但知识更新与反映现实性不足。而各类专业学术期刊，如《城市规划》、《城市规划学刊》、《建筑学报》、《世界建筑》、《国际城市规划》和《规划师》等等，各种相关论文能够很好地弥补现存教材的不足。在科学的教材体系基础上广泛涉及相关领域，逼近学科发展前沿，了解学术发展新动向，补充、完善教学内容[2]。同时，拓宽知识、扩展视野，利用先进的信息技术、网络平台、多媒体设备、课件，及大量的彩色图片乃至于三维动画，使课堂教学更加生动、有效，使整个教学过程不仅仅是接受知识，更重要的是掌握一种科学的思维方式。引导的方法包括：课前提出适当的问题以引起学生的思考和讨论；在讨论中设法把问题一步步引向深入以加深学生对所学内容的理解，要启发诱导学生自己去发现规律，自己去纠正错误或补充片面的认识。

课程资源的价值不在于提供僵化的知识，重要的是为学生的成长提供多种发展机会、发展条件、发展时空和发展途径。学生的发展不仅仅是

通过教材、教室和课堂来实现的，课程意义的生成有赖于学生的生活世界，离不开学生的日常活动、生活经验和社会背景。当今社会，信息来源是多渠道的、全方位的。信息化给个体生命带来许多变化：个人时空意识发生变化，个人生存方式的变化，个人语言和思维方式的变化。教学的目的在于开发利用各种教材以外的文本性和非文本性课程资源，为课程价值的实现和学生的全面发展提供多种可能的平台。

4. 从被动地接受知识到主动地探索知识

课程实施的最终目的是促进学生的全面发展。从某种意义上说，课程教学是学生生活经验的重组，是学生生活世界独有的事件。封闭的课程教学体系已不能满足现有教育的需要，教师在课堂上的信息传递远远满足不了学生的需要，个人生活的深刻性只有在独立个体的生活领域中去寻找，而不能从个体以外去探求。学生不是按设计者预设的途径发展的，也不是对他人生活方式的复制而成长的；学生不会一成不变的按一种模式去学习，他们有选择最适合自己形成、比较和收集新知识方式的权利。学生无需也不应毫无保留地完全接受教材，而应发挥他们对教材、甚至课程的批判能力和建构能力。

在《城规原理》的课程实施中，研究式的教学方法，在论文撰写基础上的课堂辩论，有了更大的自由度，给学生充分发展的机会。学习作为建构知识的活动，成为学生不断质疑、不断探索和不断表达个人见解的历程。学生通过与课程的"对话"，发生素质的变化与发展，获得个体的自由和解放。课程实施不仅仅局限于系统的书本知识，而要关照个体的生活经验，使日常活动和学生的生活经验进入课程。建筑师需要广阔的视野和将大量的具体问题综合起来的能力要求不受具体知识的限制，把不同的因素联系起来，自如应对伴随每一个建设项目而来的新问题[3]。这些技能只有通过设计实践与生活体验才能获得。在《城规原理》的课程实施中，我们一般采用3~5名的学生自由组合的学习小组，小组成员之间必须通过交流来商讨如何完成规定的学习任务，达到意义建构的目标。这种学习小组有利于超越原有的个人化行动而形成群体合作的行为，成为团队精神和群体意识发展的契机。这正是未来建筑师合作能力的最初尝试。在课程中，反思现实的生活方式，努力去建立一种合理的可能生活方式，从而成为课程的主体。在对现实的探讨和理解的基础上，学生开始对建筑和城市进行深入思考。

从深层意义看，学生必须主动投入学习，在情景的脉络中与问题互动，才能真正理解课程内容；学生必须积极建构意义，通过内在的对话与

思考过程、与他人互动，来理解脉络和解决问题；学生以其现实生活和可能生活为依据，在对课程的批判和建构中创造着课程。这种开放的研究式互动教学，不仅富有特色、具有挑战性，也是以往的课程教学中较少见的，它不仅为未来的建筑师提供不断变化的知识和思考的空间，而且更多地提供了不会很快过时的学习方法、工作方法和研究方法，课堂教学也因而成为终身学习的母质。

5. 结语

现代建筑大师格罗比乌斯认为，"方法比信息更重要"。《城规原理》课程中的创新性教学赋予学生丰富的设计想象力和艺术表现力。在这样的教学中，教师是学习环境的营造者，是学生提出问题和发表见解之后的传递者与调停者；学生是思考者，面对的是开放式的问题。这里的问题没有唯一的答案，解决方法也存在某种模糊性。解决者可以从不同的观点与角度来分析问题，发展多元的复杂原理。这样的学习内容、学习方式、学习结果具有形式意义。这种课程不再是单一化的、理论化的书本知识，而是呈现人类群体的生活经验，并把这种经验纳入到学生的"生活经验"和"履历情景"之中。建筑设计的知识和能力不仅仅是把握技术系统和技术要求，以及对于健康安全和生态平衡的考虑，还应具备基本的文化素养，理解城市中文化的、精神的、历史的、社会的、经济的和环境的脉络[4]。建筑师应具备足够的城市设计理论、城市规划知识和与之相关的各种技能，对城市空间尺度的准确把握，以及对环境可持续发展的深切关注。

社会的变化展现给人们的发展课题是多样的，个人的成长投向个体的发展任务是多元的。学习的目的在于建立自信和能力，适应社会变化。通过知识的积累、运用和创造过程，使每个人在身临急剧变化的社会，面对新的任务、新的情况和新的环境时，都能满怀信心、愉快自如地运用知识、驾驭知识和创造知识。规划师需要具备的是以创造性思维为核心的专业知识技能，获得终身所需的全部知识、价值、技能与理解，开发和运用人在一生中所需的知识和技术，包括信息态度。终身学习发生在人类生活的所有空间，课堂教学应成为终身学习的母质。学生作为学习的主体，其特有的认知方式与特点必须得到尊重，教学的基点必然是学生的意愿与需求。学生可根据自己的需要，选择适合自己的学习手段和方法展开，形成学习态度，保持学习的延续，提高学习的能力，利用学习的资源，拓展学习的场所。为谋求对社会变化的适应性，教师的责任在于，对他们的要求给予必要的应答，从而形成不断的支持过程，以充分发掘学生的潜能。

参考文献：

[1] 吴良镛. 世纪之交展望建筑学的未来——国际建协 20 届大会主旨报告 [J]. 建筑学报, 1999, (8)：6-10
[2] 吴志强. 对规划原理的思考. [J]《城市规划学刊》 2007 (06)：7-12
[3] [俄] A·库德利亚夫采夫. 建筑教育与青年建筑师 [C]. 曙光, 北京：中国建筑工业出版社, 2000：131-139
[4] [美] 肯尼斯·弗莱普顿. 千年七题：一个不适时的宣言 [J]. 建筑学报. 1999. (8)：11-15

作者：陈力，福州大学建筑学院副教授；关瑞明，福州大学建筑学院 院长，教授

基于跨界实践的环境设计教学理念探索

——以天津大学建筑学院环境设计专业教学实验为例

王小荣

Exploration of Environmental Design Teaching Philosophy Based on the Crossover Practice: Case Study of Environmental Design Teaching Experiment in School of Architecture of Tianjin University

■摘要：天津大学环境设计系（原艺术设计系）是其建筑学院三个专业之一，以建筑室内外环境及其辅助设计为主攻方向。在跨界合作成为潮流的今天，天津大学环境设计专业已就此做过很多实践，包括专业交叉、开放教学、联合教学等方面，在不断的研究与实践中了解不同专业、不同学校、不同国家的建筑教育方式，并在其设计观念碰撞、磨合和理解的过程中得出共识。本文就天津大学环境设计专业所做过的实践为分析研究基础，探讨适应中国建筑与环境建设快速发展形势下的环境设计教学理念。

■关键词：跨界 实践 环境设计 教学理念

Abstract：The Environmental Design Department (formerly the Art and Design Department) of Tianjin University is one of the three disciplines in the School of Architecture, with the main direction of interior and outdoor environment and their aided design. Since crossover cooperation has become a trend nowadays, the Environmental Design Department of Tianjin University has taken a lot of this practice, including cross—disciplinary, open teaching, joint teaching, and so on, to understand architecture education methods of different majors, schools and countries through continuous research and practice, and to draw a consensus through the colliding, running and understanding process of design concepts. Based on practice of the Environmental Design Department of Tianjin University, the environmental design Teaching Philosophy was explored adapting to the situation of rapid development in architecture and environment construction in China.

Key words：Crossover；Practice；Environmental Design；Teaching Philosophy

1．"跨界"之于环境设计专业

如今，"跨界"已经成为具有时代潮流的词汇，尤以商界、设计界为重。跨界（crossover），引申为跨界合作，用以形容两个或多个不在同一领域之事物的合作与交融。跨界合作让原本毫不相干的元素相互渗透、融汇，通过一体化的举措形成一个整体，跨越并整合不同领域、不同行业、

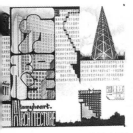

图1 字体构图"我心中的建筑" 图2 空间拼贴与抽象   图3 小型博物馆设计

不同文化、不同意识形态等范畴的知识，从而形成一种高度综合性全局意识。"跨界"的内涵可以说是一种心态、一种观念、一种思维方式、一种整合能力[1]。跨界对于网状知识结构的要求越来越丰富，而且跨度越大，跨界合作成果越大，催生新事物的生命力和竞争力越强——这就是跨界的哲学。跨界的应用范围非常广泛，而得其道者最为典型的莫过于设计领域，因为设计先天就具有跨学科的性质，要求作品具备文脉、美学、力学、工程等多种学科的知识及能力。

更名后的"环境设计专业"，即原环境艺术设计专业，依学科分类统一进行更改。 环境设计的内容包括主观的艺术创造及客观的生存空间，既是工程又是艺术，甚至是人与社会。建筑、城市、自然无不包括在"环境"范围内，环境设计专业所涉及的学科有：人体工程学、建筑心理学、环境行为学、哲学、美学、文学，以及社会学、经济学、管理学、工程力学等等。设计与实施所需知识结构复杂，非跨界无法独立得出正确结论。

天津大学建筑学院环境设计系成立于1999年，以建筑室内外环境及其辅助设计为主导，包括景观环境设计和城市公共艺术设计。为了达到"厚基础，宽知识"的目的，改变旧有模式的弊端，探索新的教学方法和教学理念，环境设计系进行了一系列开放教学的实验，加强与外界的多方交流，以拓展学生的思考方式和思维层面，打破课程体系的封闭性，强调学生个性发展和多源渠道选择；并在不断地研究、实践中了解不同学校、不同国家的建筑教育方式，在其设计观念碰撞、磨合和理解的过程中得出共识，跳出原有模式，寻求教学理念的变革。

2．环境设计专业跨界教学实践

天津大学环境设计专业的学制为四年，艺术类招生，主要核心课程为专业设计课。一、二年级与建筑学、城市规划专业合班上课，享用跨专业、资源共享的大平台，注重专业技能及专业素养的培训。三年级为环境设计专业课，注重建筑内外环境设计的综合培养。四年级上学期专业训练注重物理环境设计，下学期毕业设计注重培养知识的综合运用。

2.1 专业交叉教学实验

环境设计专业所要进行的工作与城市、建筑空间的构思和创作密切相关，因而以建筑教育为基础教学，学生在基础教育阶段不分专业和方向，

与建筑学、城市规划的学生共同学习、交叉影响，以增强环境设计专业学生对建筑空间的理解及设计素养的培训，加强与规划专业、建筑学专业的纵横向联系，完成由宏观到微观的思维发展过渡。

由于环境设计专业在招生考试过程中强调绘画能力的表达，因而在建筑感知训练阶段的教学过程中突出了表达方式上的优越，注重画面的唯美和构图的个性，展现了环境设计专业学生感性思维的整体优势（图1～图3）。相比较而言，建筑学和城市规划的学生以高分考入建筑学院，踏实、细致、逻辑性、自学能力较强，虽然缺乏绘画基础，表达拘谨，但在后续的建筑设计教学成果中已然反超。我们发现，环境设计专业明显在绘图、表达、造型方面具有优势，而建筑与规划的学生对尺度、空间、结构的认识更为清楚。实验证明，将三个专业的学生及教师混编在一起的教学方式，不仅使教师教学方式的个性特长得以发挥，而且让学生之间自然交流，相互借鉴，学会多视角思考，完成"厚基础，宽知识"的初步积累。

2.2 跨校合作教学交流

第一次具有典型意义的跨界合作交流实验课程是"会员制国际连锁酒店室内设计"，课程参与者是环境设计三年级学生与天津美院设计学院部分学生，此外还特邀了日本鹰峰修设计事务所的设计师鹰峰修，与两校教师共同参与设计指导过程。学生分为7个小组，每小组3名成员，由两校学生混编组成（图4）。

开课首日由鹰峰修讲述课题的功能要求，两校学生及教师进行熟识的沟通交流，而后开始为期一周的课题设计，而整个设计辅导环节中教师是随机的，即学生组固定而辅导教师不固定，这样在整个设计过程中不仅是两校学生的合作交流，也是不同学校教育方式中两校教师的设计构思及设计理念的碰撞、沟通。交流合作过程中，天津美院的学生偏重空间的造型及美感，天大环境设计的学生更加注重文化及创意，而鹰峰修则尝试将其多年丰富的实践经验应用到教学中，关注方便与舒适，设计更趋于人性化的处理（图5）。经过一周的交流、探讨，在教师及学生的共同研究中，不只是完成了方案构思、草图表达及成图绘制各个阶段的课程任务（图6），更重要的是实现了对中、日设计理念的相互交融、渗透，以及不同教学观念形成的优势互补，增加了用多个角度、多种观念和多种素养分析解决问

图4 两校学生构思创作交流

图5 教师、学生、设计师等三方设计理念沟通

图6 会员制酒店大堂室内设计

题的能力；也使得两校学生彼此的配合变得顺畅、默契，对空间环境设计的理解更加深化。

2.3 跨国联合教学探索

根据"通过国际合作发展建筑和规划教育中的城市景观知识"的欧盟合作项目，由法国巴黎拉维莱特建筑学院、英国伦敦 Bartlett 建筑学院、天津大学建筑学院、重庆大学建筑城规学院共同参加为期三年的研究。课题旨在创造一个汲取和传播建筑设计、项目引导及公共空间规划中有关景观方法知识研究的平台，即以景观思维诠释基地，从对基地的最初介入逐步导致建筑构思的形成。

"重庆市沙坪坝区环境改造的提案"联合教学，参与者是法国拉维莱特建筑学校师生、重庆大学建筑城规学院师生、天津大学建筑学院环境设计专业教师，先后共有 9 位教师、28 名学生（分为9 个指导小组，每组 1 名法国学生），进行为期 10天的课题研究。沙坪坝建成区面积 35.26km²，全区呈丘陵、台地和低山组合的地貌结构。2005 年末常住人口 86 万人，虽地处科教文化中心，该地区除商业中心外，道路狭窄，交通不便，住房陈旧，生活水平差别较大，这种悬殊的状况亟待改进。

教学过程环节：介绍基地范围及发展史→分组反复实地勘查、调研→沟通理念，探讨构思途径→多次汇报交流、分析研究（制作 PPT 文件）→设计构思提案（分析、讨论）→反复推敲，形成改造提案（草图、模型、成图）→交流、展示，得出共识（图7～图 18）。本次联合设计中外学生共同承担区域现况调研，观察区域生活需求，分析提炼优势并消除劣势；各小组自行选择处理所发现问题，并相互沟通，联手合作，完成区域改造提案。

3. 跨界实践对教学思维方式的启示

3.1 感性思维与理性思维的碰撞

感性思维是通过客观事物具体的形象（片面的、表象的形象）进行思维，理性思维主要表现为抽象或逻辑的思维，包括归纳和演绎，是建立在证据基础上的思维方式。与天津大学建筑学专业和天津美术学院学生加以比较，不难看出，工科院校的理性思维与艺术院校的感性思维在环境设计专业产生的碰撞。

环境设计专业的学生属于艺术类，受建筑学院建筑教育环境的影响，具有一定的空间思维能力，注重建筑功能并具有一定的构造知识，随着人体工程学、心理学的介入，更加关注空间使用者的方便与舒适。与美院学生相比，其空间的造型及美感表达不及美术学院学生，环境创意不够，有些

图7 了解课题与基地

图8 中外学生共同上课

图9 分析、研究、讨论

图10 探讨构思表达成果

图11 反复现场调研

图12 中外学生沟通理念

图13 分析研究与汇报交流

图14 反复推敲和比较

图15 开放及私密空间分析

图16 绿化系统分析

图17 地貌结构调整提案

图18 中心区域改造提案

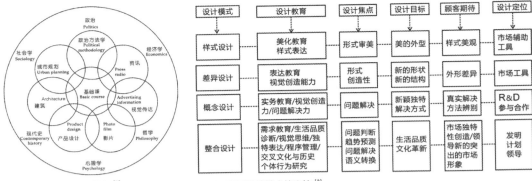

图19　乌尔姆的通识教育[2]　　　图20　不同设计模式的比较[3]

拘泥于功能的安排，对光、色、材质的考虑较弱。与建筑学学生相比，又会有忽视建筑空间结构影响的现象，对科学的严谨性认识不足。环境设计专业介于建筑学与美术学专业之间，而建筑学院本身就在工科院校中偏于艺术，因而各专业之间思维方式的碰撞、磨合与理解之于环境设计专业是不可或缺的。

3.2　拉维莱特建筑学院教学方式探讨

强调教学步骤和方法的特殊性和互补性。一方面是感性的，涉及造型、历史和文化的方法步骤；另一方面与项目实践相联系，空间性是起步的基础。此方式即是以理性（空间）为基础，以感性为方法步骤，使我们在综合性阅读中，能够汇集对地域的不同认知，得出达到共识的景观图示。

建立景观的建筑意识。考虑因空间和时间、生命科学、生态逻辑、景观动态的转变而导致的社会环境变化，并统一对后现代建筑学概念的认知，探索建筑学所含有的不同含义（如日本包括风与光的概念，以及欧洲包括所有形的概念），通过不同领域的知识将其重新定位。

对思维过程的重视。如何创新教学方法以体现设计的过程并表现建筑学的意义，直接关系到构思能否持续性发展的问题，因而其作业成果的表达方式注重以拓展内心认识为主。将建筑教学与工匠参与、材料及技术参与结合起来，将不同背景的思维方式进行交流拓展，并在授课过程中取消任何实例参考，以打破学生认为建筑学就是现代建筑的狭隘范围。

3.3　环境设计专业教育理念的探索

广义建筑学——人·建筑·环境——的系统观已取得社会的共识，对场所、生命的研究拓展了建筑空间、建筑艺术的内涵，因而强调过程化的建筑教育，提倡开放教学理念，与社会接轨（聘请各学科实际设计人员参与教学指导研究），与国际接轨（组织国际联合教学，甚至多个大学的几代学生进行交叉合作），加强与外界的多方交流（包括研究者之间交流共同的研究课题），拓展思维层面，引

入第三者评价的竞争原理，向世界最高研究水平看齐，成为我们更新教学方式、教学理念的有效探索。

强化创造性思维的理论与方法研讨，注重亲身体验对环境、场所和空间的知觉，从心智深处、下意识中发掘灵感，注重过程的发展，把"给与式"的被动教育转变为"思维式"的主动教育模式；注重轻松教学氛围的营造，鼓励创造和探索新的方式方法，特别是创新意识素养的培养；改进教学法、强化教学氛围、协调教学模式等，也是我们不断更新教学理念、教学模式的探索。

4. 结语

当前，各行业间门类的模糊，已是时代发展的要求。因而，梳理知识结构系统，变"专才"教育为"通才"教育，分析和研究乌尔姆的跨学科通识教育理念（图19），拓宽专业周边知识范围，才能以开放的心态看待"跨界"时代的到来。最后，我们以不同设计模式对产品市场定位影响的图示（图20）说明跨界合作思维的重要性（设计定位：发明、计划、领导），由此来诠释"跨界合作"的时代意义，以及目前发展形势下环境设计专业教学理念的实施方式。

注释：

[1] 董雅. 设计·浅视界——广义设计的多维视野 [M]. 北京：中国建筑工业出版社，2012：269-270
[2] 董雅. 设计·浅视界——广义设计的多维视野 [M]. 北京：中国建筑工业出版社，2012：257
[3] 王效杰. 工业设计：趋势与策略 [M]. 北京：中国建筑工业出版社，2009：387

参考文献：

[1] 董雅. 设计·浅视界——广义设计的多维视野 [M]. 北京：中国建筑工业出版社，2012
[2] 苏丹，方晓风. 环艺教与学（第1集）[M]. 北京：中国水利水电出版社，2006
[3] 董雅，王小荣. 艺术设计专业学生作业点评（一、二年级篇）[M]. 南京：江苏科学技术出版社，2014

作者：王小荣，天津大学建筑学院副教授

躬行教育实践，开拓学科视界

——与"中国建筑学会特别教育奖" 获得者栗德祥先生对谈

时　间：2013 年 11 月 11 日
地　点：清华大学建筑学院
人　物：清华大学建筑学院教授　　栗德祥
　　　　《中国建筑教育》执行主编　李　东
　　　　《中国建筑教育》编辑　　　陈海娇

■ 《中国建筑教育》：您毕业之后就留在清华大学教学，几十年来，除了建筑教育之外，关注比较多的是"绿色建筑"这一块。那么当时是什么想法让您最终选择了教育事业作为您终生的职业？是毕业之初的选择，还是说中间也有一些过程和插曲？

毕业选择——想进入建筑设计任务比较多的单位

■ 栗德祥：这个说来话长。我毕业的时候正好赶上"文革"开始，因此就不能够如期毕业。过了一年之后，到1967年底我被分配到了贵州省冶金设计研究院，当时就是想找一个设计任务比较多的单位，可那几年冶金院也没有多少活儿可干。想调动一下，院里有一条明确的规定——只有北京来调才放人。大概1974年吧，同学给我一个信息，为配合引进化纤项目的设计工作，国务院给了纺织部400个进京指标，通过努力我借这个机会到了纺织部设计院，当时应该是1975年，文化大革命还没有结束。1978年开始恢复研究生考试，学校动员我到清华读研，1981年研究生毕业以后又派我到法国去学了一年，然后就留在学校了，是这样过来的。因此，刚才你说，为什么想搞教育，实际上这不是心想事成的事，是一种命运的安排。

作为一个专业人员，都想搞自己喜欢的专业，这是一个动力。在各种条件限制下，当机遇出现的时候，刚好你幸运地碰上了，就走上了这样一条路。其实这条路你是设计不出来的，是可遇不可求的。就这样一个机遇，留在学校了，当然我是喜欢的，也因为喜欢，就在这儿一直干到退休。

参与设计课程教学——继承好的传统，引进新的题目

■ 《中国建筑教育》：您毕业之后，在建筑教学这个领域，感触最多的是哪些课程？早年建筑学的教材很少，不会像现在这么丰富，那么您在清华执教期间使用的都是什么教材？应该做过很多教学上的尝试与创新吧。

■ 栗德祥：我在参加教学或抓教学管理的这段时间里，对我感触最多的三件事。一个就是参与设计课程教学。对设计课的教学来讲，培养建筑人才过程中，一个最基本的手段就是基本功训练。不管是现在还是将来，这个都是基础，都必须要做好的。但这个课程里边，你刚刚也谈到教材的问题，当时别的课都编了通用的教材，比如历史、构造，甚至是有些原理课，但是惟独建筑设计课没有教材。

■ 《中国建筑教育》：教学没有教材，当时您又是怎么安排这方面的教材编写？

■ 栗德祥：各个学校情况不一样，课程设置都不一样，因此没有统一教材。我觉得，设计课的题目设置最重要！课题设置第一要有稳定性，我

们过去好的、还能够用的"保留节目"，要继承下来；然后根据形势发展，要设一些新的题目。1990年代我们将"乡土文化"引进设计课，到21世纪初，我们设置了一个叫"生态建筑"也叫"绿色建筑"的设计课题。同时我们与法、意、韩等国建筑院校共同发起并坚持每年一届两次"国际学生生态建筑设计竞赛交流"项目，硕士研究生参加，今年已经是第十届了。

"设计原理课"的调整与延伸——"拼盘"式授课

■ 栗德祥：第二件事就是设计原理课的调整与延伸。过去，李道增院士等老师编了一本"民用建筑设计原理"，后来我们做了一些补充和提升的工作——第一是请关肇邺院士来讲设计原理课1，讲得很生动，甚至外系的学生都来听，这个很好；同时我还主持开设了"设计原理课2"，主要是个"拼盘"，把相关专业的、外系的，甚至是外校的教授请来，做一点儿不同学科知识的简介，我觉得这个也有它的好处。

■ 《中国建筑教育》：应该说您在很早就引进了多学科交融的教学方法。大概是在您教学多久之后做的这个工作，当时的想法又是怎样的？

■ 栗德祥：在我退休之前，负责"设计原理课2"至少有七八年，这个原理课每年也不太一样，它包括"绿色建筑"，还有其他。总的来讲，通过这个课程，就是想拓宽同学的视野，从基本原理上，能够跟其他专业有所连通。搞建筑学这个专业，不是只搞设计就行，跟其他专业是有关联的，目的不是在引导学生去学习那个东西，是让学生去关注，给你"种"这么一个种子，等他将来出去工作的时候，心里会想这个领域我也得关注，它可能就跟我有关系。

将科研方向规划为五个版块，开始关注"生态"

■ 栗德祥：第三件事是，2002年的时候，我兼建筑系的系主任和建筑设计研究所所长，搞了一个建筑系科研规划，把我们整个科研划分成五个版块。这五个版块是这样：第一个是"建筑－生态－技术"，可能是我来抓的；第二个板块是"建筑－空间－环境"，是关肇邺院士来抓的；第三个是"建筑－文化－地区性"，是李道增院士来抓的；第四是"建筑－再生－城市设计"，是朱文一老师来抓的；第五是"建筑－哲理－方法"，是徐卫国老师来抓的。所以那个时候，就"生态"这块，我们已经很关注了，对于教学和科研，已经把它们融合在一起了。

由研究生的论文选题牵引，进入"绿色建筑"领域

■ 《中国建筑教育》：通过五个版块的划分，将建筑的各个层面归类得非常清晰和全面。对于"绿

色建筑″这个专门的研究领域，您当时是如何接手和进入的？

■ 栗德祥：当时，建筑设计这个专业到了研究生论文选题的时候已经感觉到窄了，很多题目都重叠了，必须得拓宽，往其他学科扩展。对我来讲，当时的一个扩展方向，是从建筑技术角度往″绿色建筑″扩展；后来觉得这个还不够，所以又往城市方面扩展，叫″生态城市″；之后又走向″低碳″、″低碳生态城市″，这样一步步走来。所以，你的第一个问题，我可以这么说，我的研究方向的选择，是被我研究生的论文选题″牵″着走的。像我的第一个做这类题目的博士生——宋晔皓，他当时选定的方向，就是绿色建筑。当时，吴良镛先生有一个课题，跟德国合作的双山岛生态农宅让他来做，以这个为契机，就把他的研究方向带到了绿色建筑上面。

绿色建筑的导向——″低碳″发展

■ 《中国建筑教育》：我们推广″绿色建筑″的初衷是什么，最后为什么又过渡到了″生态城市″的层面？

■ 栗德祥：应该说发展和推广绿色建筑，主要的动因还是应对全球气候变化，资源紧张，环境恶化这样一个世界性的难题。因此我们要节约土地、节约材料、节约能源、节约水资源，要保护生态环境，就是我国政府提出的″四节一环保″，这也是绿色建筑的主要内容。

后来发展到生态城市，也是为了应对全球气候变化。气候变化对我们人类生存产生了威胁，这个不是哪一个国家、哪一个单位能够应对得了的，必须全球联合起来，所以才有了″世界环发大会″，才有了″可持续发展″这个概念的提出。同时，光搞建筑单体节能减排，效果是有限的，所以必须是在一个城市或一个城区里边，来做节能减排或者减碳的努力，才有可能实现总体上的碳排放减少。

■ 《中国建筑教育》：除了″绿色″、″生态″等提法，我们听到比较多的还有″低碳″这个字眼，怎么理解″低碳″与它们之间的关系？

■ 栗德祥：为什么要提″低碳″？一个原因是，低碳和节约资源、环境保护是正相关的，就是说我抓了低碳，就能把″四节一环保″这些都抓起来了。因此，低碳是″抓手″，是″纲″，是″导向″。有些人说，你现在提低碳，将来会不会过时？我说永远不会过时，是什么原因呢？因为″四节一环保″是永恒的主题，必须抓到底，那么也就必须得抓低碳，抓到底，这样才能实现城镇可持续发展。另一个原因，低碳发展是人类应对全球气候变化的主要手段。

绿色建筑的理论基础——协同学原理

■ 《中国建筑教育》：推进″绿色建筑″、″生态

城市″之初，需要做哪些基础性的工作？

■ 栗德祥：要推进绿色建筑、低碳生态城市，必须要有一个理论作为依据。我们现在找到了协同学原理作为低碳发展的理论基础。协同学原理的要点是：1. 自组织原理。 是指系统在没有外部指令的条件下，其内部子系统之间能够自动形成一定的结构或功能。2. 协同效应。是指复杂系统中大量子系统相互作用而产生的整体效应，使系统在临界点发生质变，从无序变有序，产生某种稳定结构。3. 伺服原理。 即快变量服从慢变量，序参量支配子系统行为。4. 对于开放系统，外部输入是干扰序参量的关键。

中医学是诠释协同学的现实案例——城镇低碳发展的借鉴

■ 《中国建筑教育》：协同学原理是如何运用到绿色建筑领域？当时是怎么想到将二者联系在一起？

■ 栗德祥：目前，中医学者把中医的理论和实践跟协同学挂起钩来，是非常有说服力的。可以说，协同学是中医药科学性的理论基础。中医学是诠释协同学的现实案例，可作为城镇低碳发展的参考。

人体是世界上最复杂且开放的有机体，是由多层次多系统组成的统一体，是一种高度有序的结构。中医疗法就是从外部对人体输入适宜的信息流（调理方案及理疗）、物质流（药疗）和能量流（食疗），其作用是调节子系统之间的相生相克关系，增强协同作用，重点是调理体质的阴阳平衡，以使人体保持高度有序状态。

城市是由人与城共同构成的开放复杂系统。可以参照中医疗法，运用协同学原理来解决城市发展问题。城市低碳发展就是从外部对城市输入适宜的信息流（低碳政策—外部输入之关键）、物质流（低碳物资）和能量流（低碳能源），其作用是引导自组织功能，增强协同效应，重点调理城市碳源和碳汇的平衡（碳素是序参量），带动″四节一环保″，使城市达到可持续状态。

而任何问题的研究、判断和解决都离不开生态位原理。生态位理论要点是：任何生态元都有适宜生态位，占据适宜生态位才能健康发展；生态位重叠须用生态位分异理论解决；充分利用适宜的现实生态位，积极转化潜在生态位；食物链原理是生态位的重要组成部分。

建立低碳城市模型——输入信息流、能源流和物质流

■ 《中国建筑教育》：有了坚实的理论基础，又是如何将其成功运用到城市中去？

■ 栗德祥：我们建立了低碳城市发展模型。低碳城市发展的模型就是将开放的城镇复杂系统分成两部分，一部分是排碳的，叫″碳源″，一部分

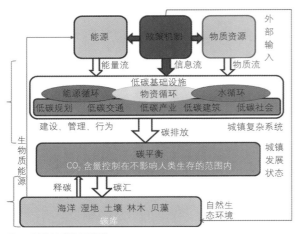

图1 城镇低碳发展模型

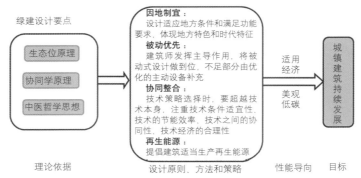

图2 低碳绿色建筑设计路径示意

是吸收和储存碳的，叫"碳汇"，中间是城市大气中碳的含量。在系统外，有三个外部输入，即信息流、能源流和物质流（见图1）。

图中显示：低碳的信息流、能量流和物质流输入到城镇复杂系统，引导市民的自组织行为，增强各系统间的协同效应，减少碳排放，增加碳汇量，达到整体碳平衡，从而实现城镇的持续发展。

城镇低碳发展路径四层面——政策、建设、管理、行为

■ 《中国建筑教育》：有了这样的发展模型，那么您认为影响低碳城市发展的因素有哪些？

■ 栗德祥：要想真正实现低碳发展，如下四个层面必须协同共进，缺一不可。

1. 政策层面。它是驱动城镇低碳发展的核心和关键，它包括顶层设计、法律法规、政策体系，也包括城市规划、城市设计和建筑设计等与实施层面最接近的底层设计。最重要的是占据适宜生态位，实现低碳导向。

2. 建设层面。它包括材料生产运输、土建施工、设备安装和竣工验收等阶段。城镇各系统重在全面落实上位低碳规划设计要求和相关政策、法规、规范和标准的规定，并实现建设全过程低碳化。

3. 管理层面。这里主要是指城镇运行的管理。要把低碳城镇建设指标体系中的相关指标

尤其是碳减排指标分解，并落实到职能部门。努力提高城镇运行效率和质量，建立高效也是低碳的观念。

4. 行为层面。强调人的低碳意识和行为。人在政策、建设、管理诸层面中发挥的作用，对于城镇低碳发展至关重要，因此必须大力提升城镇人口的素质，转变传统的生活方式。

低碳绿色建筑常态化——建筑师主控绿色建筑责无旁贷

■ 《中国建筑教育》：在建筑设计层面，您认为如何将上述理论落实到建筑实践层面？它与目前国家绿色建筑评价标准有没有差别？

■ 栗德祥：下面是低碳绿色建筑设计路径示意图（见图2）。

图中显示的实现路径与目前国家绿色建筑评价标准所引导的路径（绿标路径）有三点差别：

本路径有明确的理论依据。绿标路径则不明确。

本路径强调建筑师主导绿色建筑，因地制宜，被动优先，协同整合。绿标路径则是设备专业主导绿标编制和绿色建筑标识咨询。

本路径主张性能导向，即以适用、经济、美观为进入评价的门槛，以低碳为评价依据。绿标

路径则是标识导向，根据甲方需要的标识等级决定评价项的取舍。

把绿色性能融到建筑设计当中去

■ 《中国建筑教育》：那么，如果能够把绿色建筑教育融合到当前的建筑教育里面，可能对于绿色建筑设计的实践效果会一步步改善。在我们国内的教学上，有没有作出相应的探索和努力？

■ 栗德祥：对，大家都在探索。清华原来是有绿色建筑设计课题，学生在三年级做 8 周的绿色建筑设计，现在山东建筑大学那边干脆把这个设计再扩大化，变成一个专业了。而清华现在把这个课题撤了，融到其他的建筑设计课题里去了，不把绿色建筑看作一种建筑类型，而是任何建筑都应必备的一种性能。我觉得这条路是对的。

我们给学生"猎枪"还是"干粮"？

■ 《中国建筑教育》：21 世纪以来，我们在绿色建筑的实践方面其实做了很多的尝试，但绿色建筑在中国建筑教育的比重，可能还远远不够，那么，未来是不是需要一些调整，在这方面您有没有什么建议。

■ 栗德祥：我始终觉得，我们的老校长蒋南翔提出的观点是很有意义的。他说，我们给学生什么，给他的是"猎枪"还是"干粮"？给他"干粮"，他进了森林以后，吃完了就什么都没有了，无法生存；如果给一杆"猎枪"，没有吃的他可以打猎，可以持续生存下去。所以，教育学生方面，我们最主要是培养他的能力，尤其是学习掌握知识和创造性运用知识的能力。在学生阶段我倾向于，给他们一点跨学科知识。学生不一定很理解怎么跨学科，但是要有这么一个印象，懂得关心别的学科，吸取其他学科的东西，就行了。当然用什么手段，各个学校都可以有不同的做法。

另外，要教学生，老师必须先做到。绿色建筑到底是建筑师设计出来的还是设备工程师咨询出来的？目前需要统一认识。绿色建筑是具有绿色性能的建筑，不是一种建筑类型，被动式设计是建筑师的看家本领。它对建筑绿色化的贡献率最大，而且建筑技术设备的组合也需要建筑师协调整合，因此可以说，建筑师主导绿色建筑责无旁贷。有了这一认识，建筑专业的老师在建筑创作和教学中就能理直气壮的主导绿色建筑。

■ 《中国建筑教育》：好。我们和栗老师聊了好多的问题，信息量很大。感谢栗老师！

人物小传：

栗德祥　清华大学建筑学院　教授，博士生导师。

现任清华大学建筑学院生态设计工作室主任，清控人居清华大学建筑设计研究院有限公司绿色建筑工程设计所设计总监，清控人居北京清华同衡城市规划设计研究院有限公司城市与建筑生态设计研究所首席顾问，中国建筑学会建筑师分会建筑技术专业委员会主任委员，中国可再生能源学会理事，中国绿色建筑与节能委员会委员，国家一级注册建筑师。联合国工业发展组织国际太阳能中心特聘高级专家。联合国工业发展组织中国投资与技术促进办事处绿色产业专家委员会委员。

2002 年 4 月，荣获法国《文学艺术骑士勋章》；2008 北京奥运火炬手；2008 年 6 月，获中国建筑学会建筑教育特别奖。

主要研究方向：低碳生态城市与绿色建筑研究

黄天其　吴英凡　崔　恺　汤　桦　余　亮　周　榕　李国友

明　焱　裘　知　胡一可　尹　航　程力真

黑土·红颜·建筑教育的人文精神——哈工大建筑系初创班级建筑 60 教学回顾

黄天其（1961～1971哈尔滨建筑工程学院建筑系教师；1971调入重庆建筑工程学院任教；现为重庆大学建筑城规学院教授，博导）

通过完成一项项精心的建筑设计，创建以人为本、和谐优美的城乡人居空间环境，从而造福于民，或更加杰出地创作出时代的标志作品，是当代建筑师应有的职业理想和文化自觉。从大学初始的专业教育，就应当使学生树立这样的理念，让学子毕生充满专业的责任心和自豪感，为此苦修德艺，报效社会和国家。

这不是虚幻的目标。当 2010 年，原哈尔滨建筑工程学院建筑 60 级的同学们，这时大多已是古稀之年的老人，同更老的、当年的老师们重聚一堂庆祝入学 50 周年时，检校每个人，除了专业上可圈可点的成就以外，更看到各有千秋并且相互辉映的人格的光辉。我身在遥远的巴渝之地，未能参加那次聚会，但是在该班同学、前哈尔滨副市长赵书然负责编辑、请我作序并且随后出版的纪念册里，我读到了每个人写下的毕业后的作为和人生感悟之文。他们都对当年母校新成立不久的建筑学专业中的学习时光留下了美好的回忆，对他们的专业老师们充满敬爱和感激之情。作为仅仅年长他们六七岁的专业教师，当年长期朝夕相处；而这些人的正直、善良、聪颖、勤奋的人生轨迹，说明当年哈建工的建筑教育体系是努力向上的，教师们的确是尽力起到了"传道、授业、解惑"的作用。这个当时尚不完整和成熟的专业教育体系，却具有一种传统延续的价值。当今的哈尔滨工业大学建筑学院，作为有建筑专业的老八校之一，并升为拥有多个专业的学院，继续发挥着培养新一代中国优秀建筑师的作用。这篇短文仅从我个人的视角，对哈工大（1959 年其土木系划归建设部而成立哈尔滨建筑工程学院，1997 年更名为建筑大学，2000 年重新并入哈工大）初创时期的建筑系的专业教育体系建设作一次简短的回顾。

黑土文明：松花江上新中国学府的俄罗斯／欧洲建筑文化底蕴

众所周知，哈工大的前身是十月革命后、1920 年的中东铁路管理局为培养工程技术人材而创办的哈尔滨中俄工业学校。其土建专业构成中，一直只有土木系下属的工民建专业，没有独立的建筑学专业。但是在工民建专业课程体系内包含了丰富而必要的建筑学基础课，如绘画、建筑历史（概要讲述），以及建筑设计、建筑构造等课程，形成了建筑、结构、施工三合一的专业人才培养体制。毕业生的职业选择（当时主要是国家分配）也就大体是三支分流，各以其特长定夺。在土木系下有建筑学教研室。成立专业时，教师阵容中大部分是本校工民建专业的毕业生，以及毕业于清华、同济、天大的中青年教师；其中有的师从苏联专家完成了研究生学业，两位中年教师张之凡和周凤瑞被派到苏联莫斯科建筑艺术学院攻读建筑学并取得副博士学位。土木系于 1958 年开始兴办建筑学专业，先是将部分工民建 58、59 级同学转入建筑学专业，成立两个新班。然后从 1960 年开始在全国招收建筑学专业新生，由建筑 60 级开启了课程设置规范、教学投入完善的建筑系。原在同济大学执教、曾任国民党政府营建司长的著名前辈建筑师哈雄文教授于 1958 年来到哈工大，加强了专业的学术底蕴。他受的是美国（宾夕法利亚大学）建筑教育，于是这个新办专业的教学内涵就在某种程度上体现了苏俄、欧美和中国传统三种建筑文化的交汇，丰富了教学资源。尽管该专业成立不久，这一条件在全国的建筑学专业中是独一无二的。

老的哈工大留下的建筑文化遗产极其丰富和宝贵。第一是在当时历史还不到百年的美丽的哈尔滨建筑和号称"小巴黎"的、充满诗情画意的城市环境风貌，给了建筑学子最难得的建筑空间环境的实际体验和文化熏陶。从俄罗斯东正教堂、巴洛克到新艺术运动风格建筑的优美造型，成为 60 级学子们初步绘图训练和测绘实习的当然的素材选择对象。当年学校的俄裔领导人和哈尔滨建筑的创作代表人物，现在得以在学院大楼门厅中留下塑像以资纪念。其次是校图书馆藏书中一些珍贵的哈尔滨乃至整个东北的建筑资料，以及一大批来自苏俄的早期建筑图书。例如其中的一套精装六大册《十九世纪下半叶世界建筑百科全书》(ЭНЦИКЛОПЕЦИЯ МИРОВОЙ АХРИТЕКТУРИ В ЗАДНЕЙ

ПОЛОВИНУ XIX BEKA），每册长宽大约 500mm×350mm，厚达 60mm，总重不下 20kg。绝大多数篇页为满页大幅建筑钢笔画，技艺超群，精美绝伦，叹为观止，迄今我国似乎还无人能及。

红颜励志1：身手不凡、充满创新激情和献身精神的中青年教师队伍

新建专业的一个教学特点就是执行教育部加强"三基"教学的指示，保证了建筑 60 班学生的每一门课都有好的教师和教学内容，教学方法不断改进和创新。李行老师担纲的建筑初步教学小组制定的从制图、渲染、模型制作到小品设计这样一整套作业，使学生得到严格、全面的基本功训练；课程中简明而深刻的建筑表现、建筑构图和建筑创作三大原理课程的系统讲授富于启迪，使同学们心明眼亮，终身受益匪浅；对于建筑的形态、光影及色彩构成和变化的分析与表现手法的探究可谓钩深擢微。富延寿、侯幼彬老师讲授的建筑史旁征博引，生动无比，使得听课成为一种遨游时空的巨大享受。建筑设计课的教师有清华毕业的邓林瀚、孙翠云、张耀曾、王玉莹，同济毕业的张家骥、程友玲，以及本校毕业的梅季魁等人，他们设置的题目齐全，颇多创意。特别是在体育建筑方面，后来形成以梅季魁教授领衔的杰出的创作团队。建筑技术课主要由哈工大留校的教师周凤瑞、宿百昌、初仁兴、常怀生、陈惠明、叶以胤等人担当，他们有扎实的结构工程知识，为学生毕业后的专业实践打下了牢固的技术基础。哈雄文和张之凡先生则作为该专业的"台柱"，不仅设计是大手笔，指导学术常常有一语开窍之功。1959 年国庆十周年时，哈先生代表哈建工在刘秀峰部长主持、全国专家齐聚的建筑风格座谈会上，发表了"我们不必追求所有建筑具有统一的时代感，但是应当追求统一的空间感"的精辟见解。李行、邓林瀚则在 1957 年全国职工住宅设计竞赛中获第一名。在三年经济困难时期，教师们经常不顾饥寒、废寝忘食地伏案备课或画示范图熬到午夜。特别是青年教师，在此环境下边教边学，业务水平提高很快。五十多年后回忆那样一个团结一致、朝气蓬勃的教学集体，心中仍充满无限暖意。我曾有一首生日贺诗赠给在哈工大执教的同班同学郭恩章教授：

> 冰城经逝岁，偕友少年行。
>
> 几度春宵案，无边故地情。
>
> 育才尊楷模，治学列精英。
>
> 耄耋遥相励，霜秋月更明。

红颜励志2：建筑60级学子的聪明头脑、美丽青春、勤奋岁月

哈建工首届正式招考入学的、来自祖国南北的建筑 60 级学生是一群星辰般美好的青年，性格爽朗，纯朴可爱。他们大多基础较好，学习勤奋，师生交流知识和思想极少隔阂。六年制的学习时光虽然漫长，但同学们学到了实在的知识技能，特别是基本功训练扎实。所以后来大多数人都成为国内优秀的建筑师、教授或指挥城市建设的城市领导干部，在他们身上保持着一种耿介拔俗、俊逸超脱的文化气质。经历了尴尬的"文革"动乱岁月后，改革开放的黄金时代到来，他们都得以大展拳脚，在祖国大地上留下许多杰作。每次重到哈尔滨，都不由自主地走到母校"土木楼"当年的那间教室，仿佛 60 级的同学们还在那里等着老师到来。当年一个年轻老师的最大苦恼，有诗为证（写于 1962 年）：

> 老大渐惭画未精，挥毫见拙自伤心。
>
> 近来授业情相逼，苦短高明导后生。

这种心态曾驱使我苦练功夫，努力增加知识；常常藏身系图书馆的小楼上研读来自欧美和苏联的原文建筑书刊，从中获得一些关于建筑的理论见解。记得当时读了莱特的《建筑的未来》俄文版，其中主要讲他的有机建筑、民主建筑，还说到道路也将是伟大的建筑；同一时期我又在图书馆里读到 John Ormsbee Simonds 的 Landscape Architecture 原版书，两者结合起来，头脑里建立了现代景观建筑学的初步概念，而那时是在 1962 年。记得"文革"中 65 级有位年轻的同学给我贴了一张大字报，说宣扬了资本主义的建筑理论（实际上当时是用批判的观点介绍的）。现在来看他们更为幼稚，也就更"左"，是可以理解的。但是建筑60 级的同学却在"文革"中对老师们谅解包容，坚持团结，直到在"文革"导致的校园凋敝、到处一片萧索的情境中毕业离去。尽管离别了近 50 年，师生之间却永远保持着连绵悠远的敬慕，怀念着那一段在祖国的最北方共同开拓高等建筑教育天地的如歌岁月。

"土木楼"，我们的青春驻地——哈尔滨工业大学 "建筑六〇"级的回忆

吴英凡（中国建筑设计研究院顾问总建筑师，教授级高级建筑师，国家一级注册建筑师，中国建筑学会资深会员）

1960 年，是中国历史上空前绝后、历时三年的全国大饥馑最艰难的一年。那一年九月我们入学了。

1966 年，是中国历史上空前绝后、历时十年的全面浩劫开始的一年。那一年的夏天我们该毕业了。

在现代中国这两个沉重的历史板块的间隙，有一小段相对宽松的岁月。不管是悲哀中的幸运，还是幸运中的悲哀，我们碰巧在这个夹缝中，"有险无惊"地度过了人生最美好的大学时代。

1966 年 6 月，在分配去向已定，不久即将离校的时刻，我们被那场龙卷风所裹胁，不得不继续待在学校。每个人都无可逃遁地接受人类良知与承受力的检验，长达两年。

1968 年 8 月，我们在迷茫和困惑中，忧心忡忡地离开学校，踏上了真实的社会。而八年韶华留在了哈尔滨，留在了"土木楼"。那是我们无法忘怀、魂牵梦绕的青春驻地。

2010 年 9 月，从入学那一天算起，整整半个世纪过去了。在已经"面目全非"的哈尔滨，面向大直街的"土木楼"故我屹然，西洋古典的柱式和山花，从容地应对一切变迁，无可争辩地透着高贵、稳健和亲切。带着美好的回忆和未熄的憧憬，怀着感恩的心和无言的诉说，"建筑六〇"的学友们，从祖国各地、从大洋彼岸，回到哈尔滨，以新生入学的姿态走进"土木楼"，再次聚首，大家兴奋异常。据我所知（在全国范围内），受到文革"洗礼"的大学毕业班能够再聚首的，绝无仅有。这就是"建筑六〇"的境界和胸襟。

1920 年建校伊始的"土木楼"老楼面向公司街，位于"土木楼"西南角，是经典的 19 世纪末至 20 世纪初欧洲新艺术运动的风格。那时欧洲（特别是俄罗斯所崇尚的法国）的建筑，逐渐摆脱古典的束缚及巴洛克的繁琐，开始走向简约和崇尚自然。而今，"土木楼"老楼当年的时尚与高雅，跨越了历史的时空，容光焕发而又恰如其分地被辟为哈尔滨工业大学校史博物馆。

1928 年，老楼又向南，沿花园街接建，在转角处出现一个拜占庭式的塔楼，成为新的造型均衡中心。20 世纪 60 年代它仍是校图书馆。入学没过几天，我就悄悄地爬到塔楼内，由一个小螺旋梯通向顶部。也许，朦胧中那就是我开始感受"建筑空间艺术"的起点。土木楼东侧是海城街，现在已拓展为贯通哈尔滨南北的城市主干道。马路对侧，那片具有浓郁俄罗斯风情的民居，也已划定为哈尔滨的历史保护街区。直到 1920 年代，这条路名一直叫"技术街"，但就在 1920 年代末改名为"海城街"。

1928 年至 1931 年，张学良将军任哈尔滨工业大学理事会主席，也许他为显示自己对高等教育的关注，运用权威，不动声色地把路名改用自己家乡的名字？作为海城人，这件事我从入学至如今一直存有疑惑但却无从考证！母校华诞九秩，我们则与之相濡半百，加之"哈工大"以土木建筑工程为起步的成长史和永续的辉煌，让我们有理由自豪。

1960 年，刚刚离开"哈工大"不久的哈尔滨建筑工程学院延续哈尔滨工业大学土木系的辉煌，以苏联模式把建筑学专业的学制办成六年制本科，新生来自全国各地。我们当年的专业老师是一个非常优秀的团队。他们中间有老一代的、接受欧美现代建筑教育的海外归国

图 1 "土木楼"——哈尔滨工业大学建筑学院校址（摄影：杨力加）

图 2 "土木楼老楼"——1920 年哈工大校址，现为"哈工大博物馆"（摄影：杨力加）

图 3 飞雪中的哈尔滨（摄影：杨力加）

学子，新一代的留苏英才，以及来自同济大学、清华大学、圣约翰大学、中央美术学院、中央工艺美术学院等新中国第一代建筑系、美术系的毕业生，更有哈尔滨工业大学土木系的历届高材生。他们学贯中外，有开阔的学术视野，治学严谨，个性鲜明，求索执着，睿智谦和。多彩的学缘结构，开放的学术理念，都给我们留下无法磨灭的印象。多年以后，我担任"全国高等学校建筑学专业教育评估委员会"委员，大量高校的评估考察，让我愈发体认到，即使在今天看来，那仍是完全可与一流水平相匹敌的生机勃勃的教师队伍。幸运的"建筑六〇"全体同学，永远感激他们在通往"建筑学"人生路途上的全程引领和教诲。如今，很多老师的学术成果和鸿篇力作，在学界具有广泛的影响。一大批勤奋多才的前辈与后生，让我们感佩至今。

1970年代是我们在苦闷中期待的年代；1980年代至20世纪末，是我们埋头苦干的年代，是成就的年代。在求索与希冀中从"土木楼"走出来的"建筑六〇"，以其确凿的实践能力，对社会做出了真实的贡献。无论在国内还是国外，都可以底气十足地说，在社会前进的第一方阵里，有我们每一个人的身影。然而，在时代蜕变的进程中，仍有苦痛，我们中也有人命运多舛、历尽坎坷，但却无怨无悔、矢志不渝。这一切都因为，"建筑六〇"是一块基石，有着传奇般的风采。当年，被全校师生"另眼相看"，更是"刮目相看"的"建筑六〇"，是才思聪敏而又多姿多彩的一个群体，是严谨求实而又活跃不羁的一个群体。独立思考与自由想象，是我们青春的财富。如今，它已被岁月锤炼成淡定与豁达。

2000年6月，当新世纪即将开始的时候，建筑学院回归"哈工大"。从哈尔滨工业大学土木系到哈尔滨建筑工程学院、哈尔滨建筑大学，再到哈尔滨工业大学建筑学院，这一发展的轮回中，"土木楼"则伴随始终，不离不弃。而"建筑六〇"则成为哈尔滨工业大学历史上，第一届应该也是最后一届的6年制本科。"唯一"，是"建筑六〇"的历史宿命，它在夹缝中孕育，在改革中绽放。而"建筑六〇"学友们的事业顶峰，也恰逢世纪之交。而今，新世纪的第一个十年早已过去了，光阴似箭，去而无返。"从心所欲，不逾矩"，就像夕阳的余晖，有着别样的魅力。随着人生积淀的愈加厚重，"建筑六〇"也正逐渐走进历史，但在眺望未来的时候，它值得回味，赞叹和铭记。

2020年将迎来校庆百年。岁月如梭，这是一个并不遥远的再相会的日子。在这古稀之年，让我们怀有一个新的期待吧！

我的大学·我的校园

崔恺（中国工程院院士，中国建筑设计研究院副院长、总建筑师，国家工程设计大师）

几乎每次接受媒体采访都会问到我类似的问题：你的母校天津大学对你的成长有哪些影响？每每回答这个问题时我脑海里总会浮现出那早已逝去的大学生活，总会在记忆中仔细地搜寻，到底哪些东西真的让我难以忘怀，默默地无形地跟着我，影响着我的思维，伴随着我的成长？说实在的要回答这个问题并不容易，尽管每次在短暂的思索后总能说出似乎肯定的答案，但我心里知道很难全面、完整地总结出母校和自己那千丝万缕的联系。

我们是1978年寒假后入校的，那时的天津经历过1976年的唐山大地震，仍然处于震后的恢复当中。学校大操场上盖满了抗震棚，许多市民住在里面，像城市里的棚户区。校园中

也有很多建筑在加固，打圈梁和壁柱。但校园中那些 20 世纪 50 年代的大屋顶老房子仍然显示出浓浓的文化氛围，有些京城的气派。记得入学后的美术课就是校园建筑铅笔写生，在老师的指导下，让我们又细细地观察和刻画那些老建筑优雅的比例、细部的构造和那种过火砖粗糙的肌理在光影下的微妙变化，使我们初识了欣赏建筑的方法，算是对建筑学的启蒙教育吧。

学校里最气派的建筑当属九楼，高大的体量，高大的屋顶，座落在高台阶上，屋顶上最有特点的就是十字山花顶架，在中间显得华丽而特别。学校里最漂亮的建筑应该是图书馆，与九楼不同，它以含蓄的姿态从树丛后露出清秀的身姿迎接进进出出的读者，尤其值得欣赏的是门厅面对的那部直跑大楼梯，配上两侧比例优雅而造型简朴的柱廊，使这里成为整个建筑抑或整个校园的核心空间，相信在每个天大学子心中都会留下深深的记忆。学校里我最熟悉的就是八楼，我在那里度过了值得留恋的六年半时光，敦厚的门廊、宽敞的楼梯、时常挂满作业图的走廊，还有那摆满绘图桌的教室。总是撒满阳光的是三层系办和几间向南的教研室，老是人来人往十分热闹。总是处于阴暗中的是二层北面的资料室，不大的房间塞满了书架，书架上排满了国内外专业书刊，一般学生还不能进去，只好在门缝里窥视其中的"宝藏"，后来读研时，这也是我最常待的地方。学校里最常走的地方是青年湖，每天从六里台宿舍到教室到食堂三点一线就是围着湖边转圈，再加上早上湖边背外语，晚间上自习，每天沿湖要走至少三圈以上。那时，学校里最简陋的地方是食堂，没有饭桌椅，只有几个砖砌的台子还要早去才能占上，大多数学生都是端着饭盆蹲成一圈在地上吃，有时里面太挤就只能蹲到室外的炉渣地上吃，当然饭菜质量也不怎么好，但是不贵，能吃饱。学校里那时管理最差的是学生宿舍，黑糊糊的走廊，脏兮兮又常漏水的大卫生间，四个上下铺木床加一个长桌就是每间的标配，供六个学生使用，又挤又乱。好在我们屋几个同学关系融洽，也比较勤快，所以卫生还行。学校里周末最热闹的地方是六里台小广场，每周六晚上一定有露天电影，常常银幕前后都坐了很多人，若是电影片不好看，有时候还跑去南开大学蹭一场。

实际上作为建筑学的学生，我们的"校园"并不仅仅在学校里。比如我们最常去的水上公园，不仅是去读书或写生，而且里面的熊猫馆、大象馆都是老师的作品，所以也有时去观摩建造的过程。再比如市中心的劝业场和平路，每个月至少要去一次买纸笔或办点事。当然还有滨江道老教堂，五大道的花园洋房，解放路的老银行等等，都是逛街和学习建筑、体验城市的好地方，尽管那时并不很有心，但今天想起来还是印象颇深。

我们的另一个"校园"是古建测绘实习期间去的河北易县的清东陵。那时东陵还在维护整修，游人很少，我们学生晚上住在膳房，白天在配殿画图，在现场测绘、写生，应该说是比较全面而详细地体验、学习和研究了这组帝王陵寝。后来读研时，又辅导八一级同学测绘了清西陵，而后同学王其亨在硕士论文中又更深入地剖析了这组建筑在大地景观、风水和建造技术上的特色，使我留下了更深的印象，也学到更多知识。

另外在校期间我们特别高兴的一件事就是能去外地考察，那些记载着历史文明发展进程的城市、建筑和园林也是我们学习的大课堂。记得在毕业设计前我们去过大连、南京、苏州、上海等地，而读研期间去过郑州、武汉、长沙、广州、哈尔滨。还曾陪同彭一刚先生和胡德君先生去过杭州、黄山和九华山。在 20 世纪 80 年代初，这些城市还没有开始大建设，虽然有些脏乱破旧，但每个城市都保存着自己的特色；而其中不多的几处新建筑在继承和创新问题上引发了全国建筑界的关注，是我们学习的重点；更庆幸的是那些保护完好的江南园林还没有"被旅游化"，我们还能在静谧的廊檐下坐上一会儿，喝杯清茶，欣赏先人留下的诗意和匠心。

应该说，作为"文革"后重新进入大学校园的第一批学子，我们面对的校园并不理想，学校的教学条件十分有限，大多都处于百废待兴的状态。但我们的老师们在那样的条件下仍然对教学倾注了全部的热情和智慧，让我们感动不已，收获良多、享用不尽。实际上每当我翻出老照片，马上能回想起当年的校园生活，那种积极向上、只争朝夕、充满活力的学习精神时时感染着自己。而在参与天大新校区的规划设计中，我也常常回想老校园的记忆带来的启发：什么是适合学习和交流的校园环境？什么是天大老校园的文脉？什么场景让你记忆犹新，留恋至今？虽然我知道自己的感悟并不能代表那么多天大学子，每一个校友必定会有自己独特的校园记忆，但我相信所有的校友都会留恋自己的大学时光，都会珍惜自己的校园经历，校园存在于每个天大人的心里。

学校校史馆里有一张大照片，是 1957 年 8 月 13 日毛主席视察天津大学。那一天也是我的生日。我想这仅仅是个巧合。但如今我更愿意相信自己和母校有许许多多的、看得见或看不见的、或深或浅的、内在或外在的关系，我更愿意相信自己的命运和母校早已建立了某种关联性。我是天大人。

崔愷
2012.6.3 于北京

（本文节选自《我的大学》，此文发表于 [UED] 城市·环境·设计 061|4+5|2012）

我的大学·建筑系

汤桦（重庆大学建筑城规学院 教授，深圳汤桦建筑设计事务所有限公司总建筑师，国家一级注册建筑师）

1978年的春天，文化大革命十二年以后，作为中国恢复高考的第一届77级大学生，我和同学们怀着激动和忐忑不安的心情来到了位于重庆沙坪坝的重庆建筑工程学院，住进了学生四舍4130寝室，是一个一楼的北向房间，面对室外的挡土墙。同室的还有老戴、家琨、杨鹰、球球、钟华、子文和张杰。大家一住就是4年（那时建筑学是4年制），是为同窗之缘。

高考恢复了，建筑系还未恢复，我们当时还是土木系里的建筑学专业，就一个班，全班39人，女生9人。学生年龄参差不齐，最大36岁，最小17岁，来自五湖四海，曾经各行各业。后来又知道，重庆建筑工程学院是建筑学的老八校，业内戏称"老八路"。当时全国只有八所大学有建筑学专业。我们系由广东籍"老海龟"陈伯齐先生在20世纪40年代左右创建。陈先生先后留学日本和德国，深得现代主义建筑学真传。

班里的同学有些来自于建筑世家，也有很多对建筑学完全不了解。建筑学要画画，这使班里好多同学都措手不及。当时是崇尚数理化的年代，大部分同学都没学过绘画，于是我们上美术课时都愿意坐在班里画画功底好的同学旁边。不会画，当场学，照猫画虎，恶补美术。77级的人可都是学习狂。亲眼见过邻班的一个海军同学深夜在教室楼道里反复用升调和降调苦练英语字母表，历时达一学期之久，被我班同学膜拜叹服为"基础扎实"。

当时学生宿舍实行灯火管制，晚上11点后就拉闸断电。多少年以后，我仍然记得某同学在熄灯以后黑暗之中背诵诗歌的情景，现在想来，非常文艺。印象特深的是美国诗人朗费罗（Henry Wadsworth Longfellow）的名作《生命礼赞》：

别悲悲戚戚地老对我讲

人生不过是春梦一场

灵魂一萎靡就等于死亡

事情并不是像初看那样无望

人生是真实的，人生是真诚的

坟墓并不意味着它的收场

你来自泥土，必归于泥土

……

就在那些夜晚，那些伟大的诗句回响在青春的黑夜之中。从拜伦到惠特曼，从歌德到普希金……那真是个激情燃烧的岁月。

在大学的头两年，由于国家刚从"文革"中复苏，大学的秩序尚在健全的过程之中，还没有系统的教科书，可以找到的参考资料极少。到图书馆看原版书被视为"打牙祭"。当时能见到的有"文革"之前订的Architecture Record、Architecture Review，苏联的俄文建筑资料，日本的《新建筑》、《A+U》等专业杂志，还有就是格罗皮乌斯（Walter Gropius）、柯布西耶（Le Corbusier）、密斯（Ludwing Mies Van der Rohe）和赖特（Frank Lloyd Wright）等四大名师的著作。那时既没有数码相机，也没有复印机，大家去图书馆时总喜欢带上一卷描图纸，见到喜欢的方案就描绘下来。这样一来，既收集了设计的资料，又练习了手绘的技巧。几年下来，绘画技能明显提高。但看到喜欢的设计和大师的作品时，通常没有理论的知识来提纲挈领，大家在赞叹之余，深感饥渴。于是后来，和图书馆的老师套近乎拉关系，得以有机会混进书库，从散发着霉味的故纸堆里面探寻宝贝。记得有从中寻得路易·康（Louis I. Kahn）的英语原版文章，对其深邃的文字和思想崇拜无比。虽然"不明觉厉"，但仍"喜大普奔"。

1980年，"水彩美术实习＋古建筑测绘实习"，全班开赴四川平武，进驻古刹报恩寺。

这次实习，对于学习绘画来说是一个重大的收获，但更重要的是，在这次三个月的实习中，大家学习认识了型制完整的古建筑，活生生的乡土和民居建筑，以及以此为背景的、生活在这片土地上的人们与大自然和谐共存的关系。平武边城，重峦叠嶂，河水湍急，远离中心城市与现代文明，颇有世外桃源的意境，以至于有的同学产生了想找一个当地的漂亮女孩做老婆的幻想。

实习结束时，与平武县篮球队举行了一场友谊比赛，对方毕竟还算是专业队，尽管我们班有校队主力队员，但最终还是输掉了比赛。比赛海报和赛场上赫然写着：平武—重庆。

阵仗好大，赛后的宣传也都号称"平武战胜重庆"。全班无语。

在1981年的夏天，大三结束，大四即将开始。放假前，同学告诉我，说是在成都附近刚发现了一个保存完好的古镇，于是在暑假约上几个同学从成都骑自行车，沿乡间公路，颠簸泥泞，行程几十里，终至目的。果然是青石街道，古树参天，木构青瓦，河流清澈，民风淳朴。这里就是后来成为旅游胜地的古镇黄龙溪。一番感叹，流连忘返;钻进民宅，抄绘纪录，走访询问，对川西民居的天井更是印象深刻。一方小院，小至一个平方米，瓦屋面的四坡水汇集于此，青砖墁地，天空似井。记得当我们坐在一户人家的天井边休息时，还引用黑川纪章的"灰空间"理论来谈论天井的作用。"乡土建筑"对我们班的最初影响来自于1981年第1期《建筑学报》，时任西南建筑设计院总建筑师徐尚志先生发表的《建筑风格来自民间》的学术论文。其后，"民居"和"乡土建筑"就成了我们这帮人的一个情结。除去到处探访民居之外，还有就是在作业里广泛引用。最明显的是在1981年的全国第一届大学生建筑设计竞赛时，我们班就有好几个来自民居的文本。

接下来就是毕业实习、毕业设计，借机游览了祖国的大好河山;与此同时，也成就了我们班为数不多的两三对情侣。系里对毕业班特别照顾，晚上教室不熄灯，于是就经常熬夜。据说这是全世界建筑系学生的"优良传统"。常常是在晚上准备了干粮，裱好了图板，（那时没有电脑，全部是手绘，"水墨、水彩、水粉" + "铅笔、钢笔、鸭嘴笔"），放上磁带，伴着音乐，在黑板上大书"大战通宵"，声势浩大……但一过午夜，实在太困，于是总会有人说"熬不住了"，于是马上就一呼百应，大家风卷残云，吃完东西，全体打道回府，上床睡觉。……

后来就毕业了。

后来就各自奔赴各地报到上班了。

后来大家都忙不过来了。

后来中国成了大工地了。

后来建筑系也就越来越多了，从"老八路"到"新四军"，一直到现在的两百多所……

各路学生至　同舟需共济——小忆同济大学77级建筑学专业的求学生活

余亮（苏州大学金螳螂建筑与城市环境学院，建筑与城市规划系主任，工学博士，教授）

在人生各个求学阶段中，大概要数大学阶段给人的记忆最深刻了。虽然每个人的磨砺经历不尽相同，但每每回忆起大学时代的点点滴滴总有意犹未尽的感觉。在毕业几十年后的今天，我们常常触景生情而引起大学时代的各种回忆，往事虽然细小又平常，却说明了我们那一代人的品德及求学态度，正是这种价值观成就了我们的今天。如果把班集体比喻成一叶小舟，同学们依靠同舟共济的精神平稳地渡到了辉煌的彼岸。

同舟众人劲：学建筑的人有个通病就是离交图的日子越近，设计想法越多，以至于不得不通宵达旦地赶图。所以，那时晚上熄灯后，仍有不少人借助走廊或厕所的昏暗灯光完成自己的作业。记得有位同学连着几个通宵赶图，等交完图后在回宿舍的路上竟迷迷糊糊地撞到树干，脑门上鼓起了大包，此事日后成为大家的笑柄。

那时的我们，满脑子都是学习。以前国家实行周休一日制，假期非常少。班里本地人多，很多人周六要返家，但不少人都是周六下午回家，周日上午就匆匆地返回学校与其他同学一样继续学习。当时学校明文规定在校不能谈恋爱，班上同学都严格遵守，记得有同学越过"红线"，晚自习后在学校散步竟被学校保卫科批评，这样的事情可能不会被现在的年轻人所理解。

同舟需共济：因是恢复高考后的第一届学生，班里年龄差异很大，最大的能差上一轮。年长的老三届高中生，数理底子厚，在高等数学、结构力学等逻辑思维较强的课上占有一定优势，比那些几乎是应届的初高中生基础扎实。以当时上海地区为例，4年制中学毕业算高中文凭，学制短，几乎没学过物理，替代的是"短平快"的传授装电灯和修马达的"工业基础知识"，以及教授种和地施肥的"农业基础知识"，简称"工基"和"农基"。这种情况下，老三届成为除老师以外，班里年轻同学可以请教的对象。值得一提的是几位美术功底好的同学，如俞霖（王小慧同学的爱人，已去世）和金泽光（现在常办个展，图1是2011年的个展海报）等，他们是同学们的"偶像"。那时画图没有电脑，都靠手绘，而且设计作业的透视效果图往往要求类似在A2图面的一半或更大，当遇到建筑设计的最后上版阶段，教室里是热闹非凡，有绘画基础的同学在教室中会使大家有安心感，他们或讲解或在你的图上点缀一下人和车等配景，无形中给大家的学习增添了信心。

建筑学是一门"烧钱"的专业，比如为了开阔眼界和考察古建筑，需要走出校门参观、游学；为绘图效果好，需要使用纸质细腻、表面平整但价格高出铅画纸一倍的绘图纸，铅画纸0.23元／张，绘图纸0.45元／张，铅画纸表面粗糙，适合素描用，因此多用几张纸是件有些纠结的事，因为当时上海普通工人的日工资也只在1.2~1.6元之间；为了积累建筑素材，需要自备一架哪怕是135胶卷的205型海鸥牌相机……虽然班上同学经济状况差异很大，但是大家没有歧视困难的同学，相互帮衬共同进步！

小舟舵手操：为到达理想彼岸，需要成员同舟共济，还要有把握方向的舵手，这个舵手就是老师。建筑学专业设计课教学模式是老师在教室一对一的对学生进行指导，老师的时间主要花在给学生的看图、改图上。由于学生作业完成情况不同，致使老师在学生座位的逗留时间也不同，老师课间不休息、不正常下课很平常，这种印象一直留在了我们的记忆里。记得，一个学生的学习思想波动，戴复东老师课后花了不少时间耐心引导，让这位学生至今仍存感激之情，这与现今有些老师设计课去教室给学生布置一下作业，然后不知去向的做法，形成鲜明的对照。

同样，那时的我们都对老师充满敬仰之情。建筑学专业的学生免不了常赴路途较远的外地，进行素描和色彩写生、古建筑测绘等内容，一般需花费二周以上的时间。有时包大巴前往，还需带上蚊帐、凉席等被褥用品。这种情况下，同学们都是请老师先上车，也体现了当年学生尊敬老师而不用老师照顾学生的求学特点。如图2是同学们去九华山进行古建测绘坐上大巴后的情景

同舟多快乐：建筑学需要不同知识的汇聚，培养兴趣爱好是课后的重要作业，许多内

图1　金泽光同学个展的广告

图2　去九华山进行古建测绘前的喜悦

图3　建筑学专业在校演出《江姐》的场景

容我们是从盲目跟从开始的。图 3 是建筑学专业在校演出的《江姐》场景，演出完后让其他专业的学生对建筑学学生刮目相看。那时"文革"结束不久，百废待兴，音乐是建筑的"朋友"，建筑是凝固的音乐，街上正好出现了从日本进口的录音机，小巧且便于携带，加上声音能够反复听闻，很受大家欢迎。班里一位音乐发烧友，说了一句"学建筑最好多听古典音乐"（恰好那时也上外国建筑史课），从那时起教室里经常回荡着贝多芬、肖邦等名家轻柔而典雅的曲子，特别是在设计的最后上版阶段，和着优雅美妙的乐声，常常能使我们紧张的作图气氛变得和谐、轻松。记得那时班里常组织派对，如圣诞派对（那时绝对另类），图案式的教室空间布置，点点烛光和简单的红酒、蛋糕，伴着大家谈学习、谈友情的交流，这些情景至今印象深刻。几次派对组织下来，也让其他专业的学生对建筑学有了新的了解，并投以好奇、神秘的目光。通过聚会，使我们仿佛见识了建筑史上描述的场景，花费不多但加深了对理论的理解。发展到后来，热心的同学常会商量并汇集一个主题，然后公布于大家，希望在哪里集合和做什么事，让大家自愿前往，有慷慨解囊的同学会帮助经济困难的同学尽量参加集体活动，这样，我们用有限的零用钱在上海的南翔古猗园、植物园和红房子西餐厅等地留下了足迹，也增长了见识。

岁月蹉跎，不同年代有不同的做事方式和精彩内涵。以上的感想并不持批判眼光来看待现实世界，时代变革对价值观的衡量也会变化。竞争的年代虽生活节奏加快、信息摄取多元化，但学习的目的没有变。学习仍然需要执着和同舟共济，如这些感悟能对后人有所参考，也就足矣了。

那些年我在清华虚度的建筑光阴

周榕（清华大学建筑学院 副教授）

我于 1986 年考入清华建筑系。那会儿建筑学还远非时下这么热门，同学里报考建筑学的原因五花八门：有的是因为建筑系被列在清华所有院系名单的第一位而顺手填的，有的是想学土木工程而搞错专业的，也有的是第一志愿没取上而调配至此的——当年建筑系在清华院系中取分偏下，585 分就能进，而清华的最低录取线是 580 分，和如今 2000 年后建筑专业如日中天的行情相比可谓羞于启齿。

新生报到那天，我就被建筑系的"洋气"给震了：在 2 号楼的建筑系接待点儿站着三位一水儿的俊男靓女——两位年轻女教师（周燕珉、黄瑞琼）风华绝代，一个过路帅哥英姿勃发。光看外貌衣着，就让我们这帮相形之下快要掉渣的土包子们深感无地自容。还没进建筑系的大门，就在门口被这三位结结实实地来了个形式下马威和视觉初教育。

等进了建筑系大门更是眩晕。当年主讲"建筑初步"的是刚从美国归来的梁鸿文教授，建筑被她讲得宛如神话，学生们个个听得垂涎半尺，被迷得"五迷三道"。然而，真正开始画图，大家才发现自己眼高手低，从徒手画五种柱式、墨线螺丝转、知春亭，一直到水墨渲染塔司干柱式，这一套古典形式训练的组合拳在一年级第一学期打得几乎每个同学都七荤八素找不着北——螺丝转画了四五张还是"废图"的，大有人在；我这样毫无绘画基础与形式积累的纯门外汉对此更是疲于招架，熬夜熬得一把把掉头发；"建筑初步"这门主课没学好不说，还连累到"画法几何与阴影透视"、"高等数学"等辅课差点儿挂科。

到了年末，清华建筑系学生每年的传统盛事——新年晚会，又一次震撼了我们这些"没见过世面"的新生，师兄、师姐们极富想象力和创造性的演出让人目眩神迷；而梁鸿文老师则贡献出一盘从美国带回来的录像带——在那个信息极为闭塞的年代，这部我生平第一次看到的原版美国电影至今令我记忆犹新。晚会结束后从主楼后厅出来，走在雪中的清华园，觉得建筑人生可堪称艺术而幸福。当时未曾料到，自己后来能够作为总导演一连执导了近十年清华建筑学院的新年晚会，这种因缘际会怕是后无来者了。

大一下学期开始接触第一个设计——小商品亭，懵头懵脑地做完了，成绩居然还不赖，这让我那上学期被践踏成泥的自信心略有恢复。然而二年级的四个设计做下来，感觉自己对建筑学始终不得其门而入。要说设计这事儿还真得靠天赋，原先看似相差无几的同班同学，一上手立马就分出了三六九等，有些家伙的设计才能完全是娘胎里带来的，天生就知道"形式"这玩意儿该怎么要弄。这些"非人类"在我们那个年代都有一个统一的称谓——"大师"，形形色色、大大小小的大师们用一次次血淋淋的事实教育我们，"大师"这个被上帝派到凡间来寒碜大家的物种，其唯一使命就是充当被盲目崇拜的偶像。

直到今天，1988年清华建筑系"老、中、青、少"四代大师谱系在我脑中仍清晰如昨：雄踞神谱最高位置的是关肇邺先生，当时，其代表作清华大学图书馆三期尚未建成，但他头上"大神"的光环却耀眼得令人不敢逼视。身为两广总督之后，关先生的"贵族范儿"是融化在血液中的，其周身散放而所向披靡的华采丰神和幽默儒雅，在彼时吾等幼小的心灵中几乎等同于"清华建筑"这四个字的含义。

中生代大师是胡绍学和冯钟平先生，他们两位都是新中国成立后被清华建筑系系统教育出来的、最早一批毕业生中的佼佼者，手头功夫是炉火纯青，又正值当打之年佳作迭出，堪称清华建筑在那个时期的"顶梁柱"。

年轻教师中最冒尖儿的当属刘晓都和李晓东，这俩的特点都是设计好、长得帅，长得特别帅，算得上是清华建筑的"绝代双骄"。

学生中的头号大师是83级的孟岩，他的每张作业都是必须围观并注定会被挂在走廊里供人瞻仰的范图。据传，作为我系几十年一遇的大才，清华唯一拿得出手能跟当时重建工的明星学生汤桦一较高下的人物，就是孟岩了。和天才型的孟岩相比，高我一级的王辉是另一类全能型大师的代表，不仅设计拔尖儿还无书不读，精通各种时髦理论。他最著名的轶事是大一时串五年级毕业班教室，对一位著名才女的设计图品头论足，害得那才女把他错当成新来的年轻教师虚心求教。王辉素性善良，是个骨子里的知识分子，上学时承他指点，惠我良多。

"大师情结"，是建筑系学生"折寿也要搞设计"的内心原动力，在那个信息还异常闭塞的年代，除了现代主义"四大师"之外，我当时知道的、在世的"国际建筑大师"唯有黑川纪章，因为他是国际建筑大师中最早到清华来演讲的。记得是在大一下学期的一个傍晚，我们班主任匆匆到专教来传一个消息——黑川来了。当时我们没一个人知道黑川是谁，但看到班主任一脸鄙夷的神色就猜到这位的分量了，于是生平第一次领略了国际建筑大师的现场演讲，自不用说，黑川那些花里胡哨的三招两式，瞬间就把我们一众没见过世面的孩子放翻在地，并让我们顶礼膜拜。

顺带提一句，黑川纪章此次在清华的演讲，成就了关肇邺先生的一段佳话：关先生26岁时主持设计的清华主楼，门厅中有一段著名的建筑学错误做法——"一步楼梯"，当初杨廷宝先生来的时候在这儿摔了一次，黑川则摔了两次，结果黑川的老师丹下健三后来到清华演讲时"闻风丧胆"，专门派手下打前站，对这段一步楼梯又是拍照又是标记，反倒成为关先生逢人必显摆的谈资。

本科期间在清华听了不少讲座，但至今还留下深刻印象的只有四次：一是刘开济先生讲"后现代主义四大师"；二是汪坦先生讲"建筑问题"；三是关肇邺先生讲"文脉主义"；四是1988年矶崎新携理查德·迈耶在清华主楼后厅重量级联袂演讲，应该也算当时国际最高水准的学术讲座了。

讲座之外，有几本读物对我的建筑学习帮助很大。第一本是彭一刚先生所著的《建筑空间组合论》，可以说时至今日，还没有另外任何一部本土理论著作能超过这本书的贡献——启蒙了整整一代建筑学子的设计思维；第二本是我系胡正凡学长的硕士论文《环境行为学概论》，让我窥到了建筑设计的"理路"所在；第三本是鲁道夫·阿恩海姆的《艺术与视知觉》，二年级暑假我以此书的格式塔理论为依托，写了一篇探讨空间图底关系的数万字长文参加院里的学术论文竞赛，获得了最高奖，在某种程度上，这次获奖成为我建筑设计入门的重要契机。

当然，对于我这样天赋平平的理工科学生来说，建筑设计真正入门的标志不是理论思考的深度，而是创想和掌控形式的能力。说来也怪，这种形式能力我并不是在设计课上获得的，而是在三年级和四年级暑期的两次长时间国内漫游中，通过钢笔画写生慢慢磨炼领悟出来的。在没有指导和范本的"误打误撞"中，我的钢笔画居然隐隐有了点儿自己的风格，不仅让我逐渐萌生出驾驭形式的自信，更无意中成为后来留校任教的敲门砖。

平心而论，我在清华五年的大学生涯中，花在建筑专业学习上的时间远远不如其他刻苦努力的同学。三年级时由于同时担任院学生会学术部长和清华文学社社长工作，大量的时间精力都投入到社团活动、办刊策展、组织讲座等与学业无关的杂事上面。特别是 1989 之后，基本无心向学，终日在校园中聚众游荡，纵情喧哗，过着浪掷光阴的逍遥日子。毕业设计跟着乡土组的陈志华、楼庆西和李秋香老师去楠溪江测绘民居，那一片"不知有汉"的原生态诗意山水令我此后二十年魂牵梦萦，并构成了我建筑观念的重要价值基石和理想原型。

此刻，回首我不堪回首的大学往事，居然反讽般地油然而生一种没羞没臊的"奥斯特洛夫斯基观照"——"既不因碌碌无为而羞耻，也不因虚度年华而悔恨"。说到底，建筑于我而言不过是一场人生的好奇——在被强加于自身的历史中，不守纪律地张张望望、丢丢捡捡、磕磕绊绊，尽管歪歪斜斜，但不知不觉中也居然走成了足迹。

土木光阴，那些年

李国友（哈尔滨工业大学建筑学院建筑系副主任，副教授）

房子与建筑学学科的发展保持着如此深厚关联的，怕是再也没有比哈尔滨工业大学的建筑馆更突出的了。在这座房子里待了二十二年之后，我突发奇想，如果我的教学生涯瞬间静止下来，那么，我此前的所有专业记忆都是跟这座房子有关的故事。这让我记起导师刘大平教授那天说的一个轶闻：一位同事指着欧洲城市里一座插空在两旁老房子里、设计很精致的新建筑问身边一位外国教授，"这座建筑和两旁的建筑有什么区别？"教授答曰："它没有灵魂，周围那些房子有灵魂！"

人是万物之灵，房子有灵魂，皆缘于人之故。教授的回答真妙，老房子里承载了多少人的故事！即使最后大家都成了匆匆过客，房子也绝无厚此薄彼，一概忠实记录下来，以飨后人。会讲故事的房子是一位博学的智者、温厚的长者，一面墙、一扇窗、一级踏步，都藏着情节。老建筑有两种表情，不断改换门庭、变换身份叫沧桑，始终坚守门庭、从一而终叫底蕴。在一座汲满故事的老房子里学习建筑，实在是一件完美的事，尤其当这座建筑具有古典底蕴的绅士外表的时候。而我竟然在这样一座房子里，以学建筑的学生和教建筑的教师的身份度过了二十二年，想起来一时竟不知应该骄傲还是汗颜。

大楼在哈尔滨工业大学的家谱里叫"土木楼"，他曾汇集了以建筑学为龙头专业的所有大土木学科的教学空间。在民间，他也曾被戏称为马路大学，是因为其与城市主街道的亲密关系。经典的古典横五段、竖三段立面，巨大的山花，雄劲的多立克巨柱门廊，宽阔的台阶与舒展的曲线坡道，高大、精美的木门，气派的主楼梯，宽敞、豪华的大礼堂，五楼顶上巨大的枝形吊灯，夕阳下布满极富韵律感的拱窗落影的宽阔走廊……直到二十年后，在我的博士课题选取了中东铁路建筑文化，并重新意识到，这座外表宏伟的主楼，与九十多年前风靡一时、蜚声远东的著名建筑学府的旧址相比只能算做后生晚辈之时，我心中产生了一种震撼：后生可畏呀！后生的气势如此壮伟，"老大"似乎倒显得低调了。然而，一旦说起历史，在所有人的心中，这座主楼的辉煌地位仍然要自动让位给大楼背影中那座围墙般、U 字形、新艺术风格的建筑。前后两座主楼相差四十岁，新的承袭了庄严的古典折衷样式，而老的依然展现着浪漫新潮的新艺术风格。两座建筑神奇地焊接在一起，使那条近乎奢侈的宽大走廊在新旧两座建筑间首尾相连，成为贯穿九十余年记忆的完整线索。在这条不断转折的走廊里，先是走着西装革履、留着大胡子的俄国教授，后来是个头要矮小得多，但同样严谨、干练的日本教员，再后来是带着厚重眼镜、留着民国发型的中国学者，之后是更多穿中山装、少了学究气、多了乡土风的专业教师。更大的人群是那些年轻的后生们：油头粉面的俄国青年；带着宽顶窄檐学生帽的日本和中国学生；五、六十年代梳着两条辫子、穿着花棉袄的女生和浓发盖顶、两鬓溜光的男生；刚刚从农田和工厂里获得录取喜讯的第一、二批恢复高考后，喜气洋洋、一脸憧憬的大学生；更有今天，塞着耳机、戴着腕圈、满嘴网络语言、一身个性装扮的建筑学新人类。更具戏剧性的是，今天，面相更加多样化的外国教授重又以涌入之势若鹜而来，竞相登台亮相，其中不乏大师大腕、少壮明星；而我们年轻的学子们，以破茧出壳之决心在点灯熬油学外语，一心想冲出国门看个究竟。岁月之无情，以至于今天的学生对

图1 50年代哈雄文教授与学生在一起－董宇提供

图2 哈尔滨工业大学沙俄时期师生合影

图3 "文革"后首批本科生建筑学77级获全国优秀班级称号（前排左三为刘岳山，左四为邓林翰教授）－董宇提供

图4 哈尔滨工业大学建筑馆主楼

图5 哈工大老校舍旧影

图6 哈尔滨工业大学早期教学楼立面图－陈颖提供

图7 老校舍外墙局部－董宇提供

图8 老校舍入口原貌－董宇提供

图9 连接主楼和老校舍的连廊－董宇提供

图10 灯火辉煌的主楼内院

于当初开启这座学校建筑教育的俄罗斯毫无半点兴趣，就连来访的俄罗斯教授们也不再具有当初横行远东时的号召力了。

记忆的神奇，不但跟着情节和场景，有时还伴有气味和颜色。哈尔滨的春、夏两季是淡紫色的，因为满街丁香盛开；冬天是银白色的，因为举目漫天大雪。打开建筑馆走廊窗户的时候，丁香的清香阵阵袭来；而当遇大雪天，狂风夹着大片雪花形成的"大烟炮"将人往厚厚的大门帘子里推，顺便为人们涂抹上一身冷香。大雪中的建筑馆比任何时候都庄严，在异常鲜明的图底关系中俨然一副学术殿堂的派头；大雪中的建筑馆也比任何时候都更温暖，一米多厚的墙体挡住西伯利亚的寒风，为远道而来的学子营造出一个温暖的家园。在1991年桔黄色的灯光里，大学一年级的我站在走廊里，看着橱窗中高年级同学们让人羡慕的设计方案和渲染图，身后是满走廊异常壮观的新裱水彩纸图板和水漫金山一般的地面。

那个年代，"文革"后恢复高考也不过才过去十年出头，整座大楼里仍旧弥漫着一种传统而朴素的学院派空气。那时，老师和学生都有高度一致的学术思想和价值观，统一的要求，统一的标准，统一的训练方式，井然的教学秩序。那时，审美的标准还稳定地呈现为对比、统一、比例、尺度、构图、色彩;那时,"手头功夫"还是那么流行,能画一手好素描和水彩,能画一手潇洒的草图,都会一定程度上受到仰视。那时,课外摄影还只是一些具备经济条件的同学的奢侈爱好;那时,被大家公认的建筑大师的数量非常有限,他们的名字被所有人呼来唤去,信息大多来自于那套中建工出版社的大师丛书;那时,每个年级也都有自己的"大师"级人物,至少有自认为"大师"的学生;那时,由于少有网络海量信息的冲击,一些怀着专业热情和理想的明星教师们的单身宿舍,也足以成为粉丝学生们的学术殿堂;那时,在侯幼彬教授的课堂上,都没有人敢迟到了还入场,因为不忍心打扰老教授自我陶醉的讲述和听课同学的全神贯注;那时,建筑图书分馆和资料室无论白天晚上都是一片繁荣,去得早的学生面前堆满了自己喜欢的外刊,几乎每人一本速写本上画满记录性的速写和思考的火花。那时,学生社团的海报全部是手绘作品,一个充满设计感的画面立即会引来欣赏和品鉴的目光;那时,建筑系的英语课几乎是一块鸡肋,令外语系的老师们伤透脑筋。那时的旅行大多是近郊太阳岛、二龙山的集体行动,没人有钱有闲去楠溪江、土楼、拉萨、香港、欧洲;那时,每年的元旦晚会是难得的狂欢日,礼堂里观众一个也不能少的联欢,晚会前从食堂里用自己的盆盆碗碗打回教室的丰美大餐;那时的土木楼是一个世界,不同专业同出同入、熟视无睹,找朋友的理想目标是:五系(建筑学)男生、六系(财会)的女生……

如今,随着专业规模的扩大,土木楼里只剩下了建筑学院。走廊里的场景已经更具现代感和国际范儿,司空见惯的外国老师和学生面孔使整座大楼成为国际化学术殿堂,展示与交流空间界面的系统设置,营造出了一种独特的人文气氛和场所感。今天,外国大师讲座已经不设翻译,学生现场用英语与外教自由互动;今天,讨论随时出现在走廊的休闲坐具旁,出现在实验剧场的二层回廊上,主楼梯也随时在开敞答辩时变身为观众座席。回归了国际化的土木楼,现在叫建筑馆;运动场不再只有篮球和足球赛,还多了人山人海的建造节和即兴演出;九棵挂有"古树名木"标牌的老榆树守卫着背风向阳的安静校园。今天,走廊里随处可见滚动画面的信息屏,一般的国际会议和外籍建筑师讲座已经无法吸引学生的注意;对于各大设计院的招聘广告,大家看也不看一眼。

人事有代谢,往来成古今;江山留胜迹,我辈复登临。土木楼是一座江山,可以亲临攀越,可以登高望远。我经常想起土木光阴的两个画面,那大概就是求学者的两个境界吧:前楼的灯火辉煌,是衣带渐宽终不悔;后楼的谦和温婉,是学问深时意气平……

姑苏城外的"早稻田"大学——忆 90 年代的苏州城建建筑系

程力真（北京交通大学建筑艺术学院建筑系,讲师）

1991 年的 8 月底,一辆满载新生的校车,沿着宁静的大运河支流向苏州城西开去,当它掠过黄墙方塔的寒山寺,沿着一路旱柳,驶入一架竹构的独特校门时,车内发出一片惊叹:展现在眼前的,竟然是一片广袤的绿色稻田,视野尽头没有校墙,只有星星点点的江南民居、隐隐约约的河道和一座状如卧狮的孤山静卧在晚霞中。稻田中,一条笔直的梧桐道尽端,俏立着一组粉墙黛瓦的现代教学楼。这就是我的母校——苏州城建环保学院,她当年这番独特的美景,被毕业生们一再赞叹追忆,并被戏称为姑苏城外的"早稻田"大学。

母校筹建于 1982 年,其建筑系是建筑大师戴念慈先生主导创办的,老一代的设计教师来自清华、东南、同济、哈工大、重建工等老八校,年轻一代的设计教师以东南和同济的居多,此外还汇聚了以杭鸣时教授为首的一大批优秀的美术教师,因此兼容并蓄了不同院校的传统,并借助地域特色形成了既有时代特点,又有自己特色的教学风格:重视美术,重视基本功。建筑学与规划、景观专业的学习,大都以苏南民居、城镇、园林为研究的基本范例,设计与实践结合较多。

图1　课间休息，后面是建筑系馆

图2　建筑系学生会"系刊"——建苑

图3　毕业前留影

图4　一年级画色彩渲染

图5　专业教室

　　入学时印象最深的是专教走廊上的大展窗。从一年级到毕业班，每一个作业都有代表最高水准的学生作品挂在里面做范图，让新生们看了顿时肃然起敬，"压力山大"。作业能被选为范图，是非常高的荣誉。许多高班学长虽未曾谋面，名字却异常熟悉，原因就是当初借助这些范图进行了"穿越时空"的交流。

　　建筑设计教学的特点是：低年级严谨，对绘画和制图基本功抓得较严；高年级比较自由宽松，用实践项目操作训练较多。一年级由老系主任邵俊仪教授带队，邵老师温和而严谨，对专业孜孜以求。我毕业设计答辩时，邵老师是答辩小组组长，待我答辩结束，退出教室后，他仍意犹未尽，特意到走廊上找到我，为一些局部的设计做出大胆的建议，令人感佩。二年级是时任系主任的高雷老师带队，高老师犀利健谈，发现学生的问题，往往主动出击，毫不留情，也会毫无保留地传授自己所知的一切。他随时都在关注学生状况，在教学楼中经常不走走廊，而是穿行教室，顺带查看各教室内学生自习的状况。三四年级年轻教师居多，课堂气氛比较活泼自由。90年代初，苏南正经历建设高峰，年轻老师大都有实践项目在做，高班学生，尤其是高班的男生，跟老师做工程的比较多，甚至自己就能独立炒更挣钱，"养家糊口"。老师们有时也会把实践项目拿来当快题，大三时我便有幸在这样的快题中"中标"，跟着老师去昆山见甲方玩了一圈，很兴奋。可惜设计被甲方改得面目全非，我也初尝了理想与现实的落差。

　　实践多理论少，是当时建筑学普遍存在的弱点，原因大约是改革开放仅十余年，又遇到经济建设高潮，建筑理论方面的成果比较少，对理论的关注还比较薄弱。中外建筑史课是学生主要的理论知识来源。教外建史的夏健老师讲课低调专注，娓娓道来，引人入胜；教中建史的雍正华老师心灵手巧，教我们用木筷和牙签做苏州古建模型，我至今还记得可以使屋角"如鸟斯飞"的"嫩戗发戗"。和今天的学生一样，我们也热衷于模仿最新的建筑形式，当时正值"后现代"盛行，虽然仰慕香山饭店和斯图加特美术馆"对文脉的展现"，但我们终究功底浅薄，设计出来的成果往往浓妆艳抹，符号性过强，倒也颇具市场经济风起云涌时期的商业霸气。一些年轻设计老师的个人爱好也潜移默化地影响着学生，比如我还记得尤东晶老师喜爱柯布，让我们在那一片熙攘感性的后现代氛围中，也学会欣赏冷静、理性的早期现代主义。

　　课堂之外有一些专业色彩很浓的活动，如一年一度的"作业展"和文艺汇演中的"纸衣秀"。作业展每年在五一前开展，各年级学生把课内外作业布置在图板上，沿着系馆前的冬青树丛一溜排开，密密麻麻的图板前人头攒动，品高论低，十分热闹。"纸衣秀"据说传承于50年代清华的"假面舞会"，慢慢发展为母校教师们的主题时装秀，最后演变成建筑系学生用平时设计课使用的草图纸、硫酸纸、牛皮纸等做成各式时装展示，上演时装秀。演出时用美术衬布和石膏像布置舞台，配上灯光，很有"文艺范儿"。这个别致而有专业色彩的节目获得全院师生的好评，流行了好几届。

母校地处交通便利的苏南，到上海、南京进行设计课实习，或者到周庄、 直、同里、东西山进行美术实习都非常方便。而苏州这座具有2500年历史的古城，本身就是一座生动丰富的课堂。如今的母校早已地处闹市，难以想象90年代初，苏州城还保留着比较完整的传统城市结构，寒山寺附近依然是唐诗中姑苏城外江枫渔火的意境。每次从"偏远"的校园骑车进城，一路经过郊野的古刹石桥，悠长的河道，进入阊门内的街肆，抵达热闹的市中心观前街，由寂寥入繁华，犹如展开一张江南版的清明上河图，多姿多彩。

和今天的高校相比，那时的师生关系更亲密融洽，因为绝大多数老师都住在校园内，在很多地方都能遇到他们。周末或节日还经常有老师召集一些相识的学生到家里聚餐——都是朴素热闹的家宴，他们的生活态度和方式在课堂外也言传身教影响了我们。

2001年，母校与铁师合并为苏州科技学院。当年受教过的老师，有的退休了，有的去了其他院校，招生定位也从全国转向偏重江苏。这固然让我们觉得记忆中的母校变化很大，但这也是资源整合、差异化办学的时代需求吧。期待母校能保持踏实、勤勉和博采众长的优秀传统，在地灵人杰的江南成为一所文、理、艺兼长的现代学府，为千年古城更添秀色。

2013年11月2日于北京

关于中大院的六块记忆拼图——一名95级东南大学建筑系学生的回忆

尹航（南京大学建筑与城市规划学院，讲师）

我是1995年进入东南大学（以下简称"东大"）建筑系本科学习的，后来自己也做了老师，面对一群90后的学生，切身体会着建筑教学的不断发展，我时常回想起当年在东大的学习生活。收拾记忆，以下六个关键词是"中大院"在我心中不可或缺的拼图。

1. **绘图桌**：1995年的东大建筑全都在中大院，每届大约100个人，挤在200多平方米的图房里相当热闹。一张老式的绘图桌则是陪伴我们五年的学习园地，最早的尺度与空间概念可都来自于它。绘图桌的桌面能根据需要调整角度，下面的夹角则是存放废图和草稿的地方，二年级时，有次图房闹鼠害，在几位男同学桌面下的死角中找出几窝粉嫩的小老鼠，轰动一时。

一年级时绘图桌排成南北向六排，每班两排，每四张桌子一组呈田字形相互紧靠、两两相对、共用中心的一根供电线，21组绘图桌被南北四条、东西八条通道划分开，通畅有余而私密不足。三年级后，学生们空间意识膨胀开始对学习环境进行改造，我们保持电线位置不变而对桌子进行了旋转、挪移、增加边界等平面操作，将"田字格教室街区"改造成以东西向主轴线为核心、打破班级界限的"树状教室街区"。倒还真印证了城市发展"自上而下"与"自下而上"的不同模式。

2. **裱图**：我们在A0大小的绘图桌上画平立剖，用灭点画透视图，直到四年级才开始用Autocad R12求透视，再将透视打印稿翻刻到水彩纸上，再裱板手绘渲染图。说起裱纸，是建筑系学生都再熟悉不过的工作，从满裱、半裱、湿裱到干裱——裱纸从噩梦逐渐变成熟能生巧。低年级时曾经因为裱纸失败而伤心哭泣，到了高年级时已经能够处乱不惊，"只要给我2cm的宽度抹浆糊，多大的图都能裱得服服帖帖！"手上的训练没有理性与捷径，"无他但手熟尔"。

3. **评图室**：中大院的评图室曾经固定在三楼中心，那里的门只在挂图截止日期那天才会打开。挂图太早或太晚，都是内心强大的表现，挂图早的有两种：其一，方案有灵气，工作有板眼，完美收官——此为极品，人中龙凤；其二，方案随大流，工作不熬夜，见好就收——此识时务，绝不纠结。挂图晚的也分两种：其一，方案细推敲，工作益求精，只是太慢！——此为"老黄牛"，坚韧不拔；其二，方案留一天，表现给两天，勉强完成，此为"二师兄"，心不在焉。

老师们会在截止时间后把门锁上，进行集体评图并当场在图上打分；同学们此时则作鸟兽散，该睡觉睡觉，该吃饭吃饭，待到第二天，再怀揣激动回来看成绩。直到自己当了老师，我仍然向往"密室打分"的那种神秘感，学生失去了当面答辩的机会，但也营造出一种可以称为神圣的场所与仪式感，相比当前普遍采用的答辩机制，得失还真不好说。

4. **测绘**：大三时跟随朱光亚老师到温州永嘉测绘古建筑，城市化的进程已初现端倪，我们去的花坦村里百来户人家只剩下少量的老人孩子留守，雕梁画栋、深宅大院已逐渐破败；而花坦村的建筑历史价值一般，只是楠溪江众多的历史遗存中不起眼的一小部分，没有文物，也远离主要的旅游线路，未来的保护之路还十分迷茫。但是我们在老宅幽暗的阴影中，在没有工业污染的村边溪流中，却真实地感受到历史与自然，理想与现实。直到今天我仍然十分怀念住在农家，每天踩着鹅卵石去做测绘的那段时光。也许，对传统建筑的爱，对传统生活模式的尊重，以及对自然的敬畏，正需要这样的经历才能形成。

5. **模型**：模型制作一直是东大建筑系训练的重要环节，关于本科记忆的很多情节都是有关模型制作的，制作模型的过程是对于学生的细致程度、耐心和想象力的考验。记得我们花费时间最多的一次模型制作是古典亭子，大家首先得自己选取一种亭子类型，四角攒尖是最基本的，有想挑战自己的就要选六角、八角亭，记得最玩命的做了个重檐园亭。虽然我只完成了个六角攒尖，但仍然忙得忘了自己的生日，当年的二十岁生日夜，是在宿舍门厅内借着廊灯和伙伴们一起切木条、磨砂纸度过的（宿舍11点就熄灯啦）。

五年的本科生活，保存下来的有形的纪念，除了藏在抽屉里的毕业证，就只剩下这座30cm高的六角攒尖亭放在书橱的角落。灰黄的木色依然新鲜，那是1997年春天自己给自己的生日礼物。

6. **建筑观**：詹克斯说现代建筑死于1972年，不过东大的学院派建筑教育在90年代末仍然方兴未艾。一年级有水墨渲染，严谨的美术教育徘徊在尚古和折衷主义之间；功能主义的评判标准则表明了对现代主义建筑的态度。建筑美学的培养建立在大量手头功夫的训练之上，这与21世纪后建筑教育改革后，开放、动态与理论化的教学存在着巨大的差异。

一年级崇拜贝聿铭，二年级流行白色派，三年级风靡安藤忠雄与斯特林，四年级以后，黑川、盖里、伊斯里尔、埃森曼与库哈斯等大师纷至沓来，让大家应接不暇。回想起来，当时的我们还缺乏对建筑思潮的理性吸收，也许埋头画图练手练眼比追星模仿给我们的学习帮助更多。高年级时去设计院实习，不少师傅说，东大的同学"土且扎实"，大概这就是大多数东大70后建筑系学生的建筑观吧。

建筑系关键词

胡一可（天津大学建筑学院数字建构实验室主任，讲师）

提到建筑系，脑海里总会浮现一系列的关键词，比如乱而不脏、熬夜、赶图、逃课等。然而建筑系有太多的关键词，解读虽然莫衷一是，却也让建筑系的形象逐渐清晰。笔者以关键词为线索述说属于自己的记忆。

B 表现：建筑是艺术，我并不确定究竟多少建筑系的学生对此深信不疑，但在表现图的绘制中确有体现。如果说艺术的至高境界是制造幻觉，那么PS技术无疑是让设计出神入化的工具，绘图的过程也是粉饰的过程，美其名曰"装点门面"。国内的建筑表现图之美远远胜过建成的作品。

D 大师：建筑系中，有追求的学生都想成为大师，而在日后的学习和工作中，"我们要出名"也是鞭策自己前行的动力，在这种意念的驱使下，拼命做竞赛，不停地报奖。直至今日才约略理解"大师"的含义，即能够在思想上影响别人的人。以此为标准，真正的大师少之又少，因此，那也许只是年少时的梦想。

G 概念：俗称"想法"，建筑系出现过多少"概念"啊，又有多少在情理之中意料之外？而今，我也像是布道者，向学生宣扬概念，从"场地阅读"到"形体生成"，到"空间组织"，再到"细部节点"，强调设计概念的连贯性。而这些又有多少是真实可信的呢？建筑很难脱离物质性，而相对抽象的"概念"既无法证实，也无法证伪。

G 改图：改图与设计如影随形，最悲惨的学习经历莫过于方案被"毙"。设计的修改永无止境，以前也曾责怪老师为什么不把问题一次说完。自己成为老师，终于体会到发现问题是一个互动的过程，方案的评价因人而异，修改也就在所难免（图1）。

G 规范：当学生的时候，感觉自己的设计总有不合规范之处，错误一波未平一波又起，认为方案不符合规范是无知浮躁的体现，会为不具备建筑师的最基本技能而感到羞愧。走过了其他国家，才发现，每个国家的规范差异巨大，而其中都藏匿了太多没有得到论证的结论。现在，我会问学生：规范为什么是这样的？背后的理论、方法是什么？我会告诉学生：规范是死的，设计是活的，努力去观察和实测吧（图2）。

H 忽悠："忽悠"并非贬义，而是对设计师语言表达能力的肯定。汇报的核心不在于口齿伶俐，而在于才思敏捷，更在于汇报者的中文功底。轰轰烈烈的"造城运动"培养了一大批颇具演讲才能的建筑师。"忽悠"的背后是强大的逻辑思维能力和摧枯拉朽的煽动力。

K 开窍：何谓"开窍"，这是无法破解的世纪难题。有了三维空间的处理能力？有了尺度概念？设计终于有了想法？在求学时，有才华横溢者，似乎天生就为建筑设计而生；有大器晚成者，到毕业也没有看出自己适合这个行当。然而，从业者对建筑的理解却日积月累，逐渐加入了人的需求，加入了技术含义，加入了文化意味……也许这些都跟开窍无关。

K 拷贝：求学时，"拷贝"大师的方案，由于那时脑子里缺乏形式语言，所以抄得理直气壮。目前，国内的设计行业抄袭现象严重，根本原因在于缺乏相应的形式生成方法，这跟建筑教育有关。国外的设计师也在"抄"，但可能从一件艺术品或者某个场景中获取灵感，通过相应的方法，转化为建筑语言。读图时代形成了快餐文化，形式生成的能力（原创的根本）似乎并不重要。

K 空间：空间是建筑学的核心，现在却成为最说不清楚的东西。"空间感"到底是什么，越来越让人困惑。而空间的形式问题逐渐被裹挟到窘迫的境地。当今技术当道，因为其有"理"可循；当今经济和政策当道，因为其有比空间形式更强大的力量。建筑设计，不关注空间和形式，那会产生怎样的结果呢？

X 学长：在设计教学里，学长是教学资源优化配置的体现，同时也是沟通的有效方式之一，与学长的交流十分重要。当今的建筑教育，网络技术的发展使先进知识的获取变得容易，更重要的是学生的集体意识增强，建筑系更像是一个社区，大家有较为类似的思维方式，而这种思维方式又有着强大的同化能力，传统也由此而形成。社交网站"师兄帮帮我"出现之时，我莞尔一笑，好多的记忆开始浮现。

Z 指导：建筑设计最好的方式仍是师傅带徒弟，因为设计过程面临的绝大多数问题都是相对独有的。获得优秀指导教师后，更加明白"指导"的含义。学生设计的"悟"与"做"之间形成了一组微妙的互动关系，而学生与指导教师之间又形成了一组互动关系。对于个人，正如"小马过河"，情况截然不同，而好的指导教师不过一面镜子而已。

Z 作品：建筑师要靠作品说话，而"图学"的发展，"作品"的含义得到了拓展，不仅包括实际建成的，也包括竞赛图纸等。图纸与建筑分离直接造成了设计与建造的分离（在手工业时代，设计与建造是同时进行的），然而，脱离建造的设计必然忽略诸多限制条件，将图纸"实现"为具有品质的建成作品是建筑师的终极目标（图3）。

图1 天津大学建筑学院教师改图、指导设计

图2 天津大学建筑学院一年级学生尝试绘制施工图并对现有规范进行研究

图3 天津大学学生在自己的建构作品展览中

建筑系的过去、现在和未来——也谈建筑设计教师的职业命运

裘知（浙江大学建筑工程学院建筑设计与理论研究所，讲师）
明焱（浙江大学建筑工程学院建筑设计与理论研究所，副教授）

　　离开母校快十年了，但每当回顾当年的求学生涯，忆起"夜夜笙歌"熬图设计的青春岁月，总还是难免心潮澎湃。印象最为深刻的，除了一团团一簇簇互相品评设计、同吃同住的伙伴们，就是昔日才华横溢颇有艺术家范儿的老师们。从某种程度上说，建筑系的教师队伍决定了建筑系的发展方向和发展势头。如今，自己也成为一名建筑系教师，也承担起"指点江山"的角色。而今日的建筑系，有更丰富的资源，更广阔的视野，更先进的软件设施配套，甚至，有基础更好、素质更高的学源，在这种大好形势下，回顾往昔，如何延续已有的良好传统，改进今日建筑系发展的弊端，是一个值得思考的问题。

　　回顾00年代的建筑系教师们，几乎都是设计上的精英，很多是出类拔萃的硕士留校。这批教师往往具有扎实，丰富的设计经验，超强的表达和应变能力，可以有效地训练学生的建筑设计手段和能力。同时，这些教师往往还会承担一些设计项目，继续进行自我修炼与提升的同时，也给建筑系学生提供了实习的机会。一些学生甚至早在大学三年级起，就混迹于老师们的"工作室"，从帮忙修理最简单的cad图，或是一刀刀刻画工作模型开始，逐渐接触设计生产第一线。这完全是一种产教结合的方式。当时建筑设计、建筑技术、建筑史的区分并不明确，每位教师似乎都是文武双全，各个领域都有所涉猎。但由于当时条件限制，这些教师往往比较欠缺理论研究经验，对于理论研究的逻辑性和方法论方面的知识也相对欠缺；因语言能力限制，当时与国外建筑院校交流合作的推广也有一定困难。简单来讲，过去的建筑系，是一个感性看世界，批量生产训练有素的建筑师、设计师的摇篮。

进入10年代，目前各大高校，包括老八校的入职条件，几乎无一例外是"博士学历，海外背景优先"。在这种精神导引下，新入校的广大"博士教师"们，具有较为扎实的理论研究功底，对各种问题会由表及里，引导学生由现象看本质，为现阶段的建筑教育注入新的生机。但同时，我们也应该注意到，虽然博士教师们也是建筑设计出身，但由于已经把大量的精力和实践投入到理论研究上，其自身往往表现出建筑设计实践偏于理论的问题；在设计课教学上，也很难如同老教师一般挥洒自如。建筑学三大领域分区日趋明确，专业领域特色日渐分明，建筑技术开始向专业的建筑物理发展，更倾向于工科；建筑史则对历史文化甚至政治影响的重视日趋明显，更倾向于文科；而建筑设计则一方面引入技术手段，一方面诠释人文精神，介于文科与工科之间。目前的建筑系，开始呈现理性看世界，盛产"有思想"的初生设计师的基地。

于是，我们回到一个老问题：建筑系应培养什么样的人才？建筑系的学生，有可能走进建筑设计院，从事专门建筑生产；有可能走进设计公司，继续进行建筑设计创作；有可能进入地产公司，成为甲方建筑师；亦有可能走进学界，从事教师、科研人员、建筑编辑等职业。但无论如何，我们的学生应具有最基本的建筑审美和建筑设计手段。既然学生的职业需求多种多样，教师的人才队伍亦应多种多样。因此，从理论上讲，目前的教师队伍，理论和实践相结合的搭配方式，显然是合理的。

新老教师搭配，既强化设计实战，又提升理论研究，出发点完全正确。那么接下来，就是如何针对这种多元化的教师结构，提出合理的聘任考核机制，并合理"利用"不同种类的教师特长。目前各大高校纷纷推出"n年非升即走"政策，即作为讲师，须在n年内晋升为副教授，否则需要转岗或离职。而其入职条件、职称聘用条件，又均与学历、科研项目和论文发表数密切相关。为了保住教师职位，很多当年硕士留校的资深讲师们被迫攻读博士学位，被迫放下热爱的设计，开始从事既没有兴趣也还没有积累的理论研究。这无疑扼杀了广大生产实践型教师的发展空间，必将导致多元的教师结构重新向理论研究单一化的趋势。

笔者认为，目前这种聘任考核制度有过犹不及的隐忧，应考虑逐步予以调整。首先，应有两套考核机制——理论派（以科研项目考核为主）和设计实践派（以建筑设计项目考核为主）。且"n年非升即走"的政策对设计类师资也并无帮助，参考国外大学的建筑系教员结构，大多呈现出"教授——副教授——讲师（助理教授）——助教"的结构，甚至在讲师职位上工作一辈子的教师大有人在。这种结构，从宏观角度保障了建筑系教员特长的多样性。探究设计讲师在传统高等教育领域里，实为独特的存在，肇因于建筑教育除了具有等同于其他领域的学术发展需求之外，还同时具有技术层面的教育责任，然而技术性的领域不能从论文和研究来发展，需要的是实际上的技术操作。目前的考核制度设计倾向引导技术性设计讲师减少技术操作的实践，转向增强学术理论的发展，技术操作型的教育能量因此受到制度性的抑制，而原本的设计类师资转进学术理论研究，也容易造成非适性适才的研究发展，同时，为升职称而进行的研究更容易造成不具备长远发展价值的弊端，因此，针对设计专职讲师所制定的非论文性考核制度已经刻不容缓。

其次，可考虑开放"兼职师资"的可能性。很多著名的国外院校，都会以聘请兼职教师的方式，来解决建筑设计教师人员不足的问题。这些兼职教师往往在业界享有盛名，具有很强的设计水平和丰富的设计经验，并形成了自身独到的建筑观。同时，兼职教师也为留校的设计类师资带来竞争与资讯交流的渠道，甚至可以更即时地将实务界的发展引导进入设计教育中，同时也可以借此储备学校的专业人才与人脉。而兼职师资的另一个积极作用是可以更弹性地调度师资能量，越多兼职师资的存在，越可以减低对于专职讲师的需求，进而可以遴选真正优秀的专职讲师，同时仍然可以确保足量的教学能量，而兼职师资因职位保障要求较低，也可以更机动地筛选淘汰不适任的师资，以维持师资在最巅峰的状态。

身为建筑系教师，须具有奉献精神和职业理想，才能在这个经济快速发展的时代里，依然在教育这条道路上继续前行。笔者谨回顾十年前与今日的建筑系，借鉴国外思想，希望促进构建一个适合的体制，使未来的建筑系成为促进建筑系教师成长、培育多元结构建筑学人才的温床。

设计问答

编者按："嗯微问答"是以嗯工作室的名义发起的、以（移动）互联网为媒介的微问答。由城乡规划、建筑学和风景园林（景观建筑学）有关的高校教师与从业设计师组成一个团，回答相关专业学子（年轻从业者）提出的各种问题。《中国建筑教育》将陆续选登其中若干贴近教学及学生关注的热点问题，以飨读者。

教学问答

栏目主持　魏皓严

Teaching Questions

■ **问题1：什么是竖向空间，如何设计？（"KAWEH"提问）**

唐克扬：金庸给张无忌在绿柳山庄设计了一个两人共享的竖向空间。答案见三联版《倚天屠龙记》，654页。

魏浩波：虽说是竖向设计，本质上却是通过对处于不同位置的点群的标高控制，形成一张具有流动意味的面，有身体的流动，物候（水、风等）的流动，以及视野与声音的流动，有场的应景特征，是场地整合的关键。

冯果川：人是靠双脚在大地上漫游的生命，水平向的空间是人性的。人不善于竖向运动，所以竖向对于人来说有超越自身的局限一面，也就具有某种精神性和神性。古代的竖向空间往往不是用来给人生活的，而是给人敬畏崇拜的。如果简单地将人驱赶入竖向空间中生活是扭曲人性的。

■ **问题2：审美不正的同学如何做好建筑设计？（"理想主义者"提问）**

衍生问题：谁来判断或定义审美正不正？（王韬、徐苗提问）

再衍生问题：当下有没有common sense？现在环境下应该问审美正的同学如何做设计实现设计吧？（王韬提问）

冯江：坚持不正，就行。

臧峰：审美不正的同学只能寻求独特的发展了，这个条件我理解是得天独厚呀，想想达利和毕加索吧！

刘艺：好奇谁提的这个问题，应该不是审美不正的童鞋提的吧？

■ **问题3：什么样的设计师看哲学书？（"易雷"提问）**

刘艺：苦逼屌丝的，叶公好龙的，钻牛角尖的，刨根问底的，故弄玄虚的，实事求是的，附庸风雅的。

冯江：1）想唬人的；2）没想清楚又想想清楚的；3）上厕所的。

魏浩波：想搞清世界秩序，却越看越云里雾里，最终走火入魔，臆造出一套自我设想世界的人。

魏皓严：因为爱情。

■ **问题4：老师讲课太无聊，得不到足够有质量的信息量怎么办？理解不了老师上课的内容，是他讲不好还是我太笨啊？其实我觉得两者都有，是不是啊？（"陶行行"提问）**

朱晔：只有蠢老师，没有笨学生。

石岗：老师没想教你什么，你不必有懂不懂的压力。老师就是和你聊聊，只是他说得多了点，下次你尝试说多点，对抗一下你的被教压迫感，并且思考一下自己准备聊什么，怎么才能聊多点，而且力争让对方感兴趣的时间长点……

徐苗：其实当老师的，有点儿厚道的都会琢磨这个问题吧。韦伯在一百多年前也琢磨过了，写在《学术与政治》一书里，其观点我很赞同。他说（大意）学生在这个问题上是弱势群体，老师不能满嘴跑火车，随着自己的性子讲，应该考虑受众的程度，约束与调整讲的内容。所以，说这么多，其实就是朱老师那句话。

魏皓严：其实教师和学生属于不同的社会利益集团，尤其在学术指标化之后，尤其在资本渗透了教育之后（也就是金钱资本与知识资本的结盟），尤其在教育体系被权力觊觎并操控之后，尤其在国民情操被沉重伤害之后（不好意思，用了排比句），此外还有成人自身的局限性（比如因为拥有更多的权力和金钱而误以为自己比青年和少年更加强大）等原因，教师很容易将社会身份的差异误以为是智力和思想水平的差异，更会因此而获得某种先天的优越感来掩盖自己内心的怯懦，在外表上则表现为对学生的强势与轻蔑。这些心态都不是个体性而是社会性的，或者说是被给予的。部分教师会因为某些原因而自觉或者不自觉地抵触这种心态，力图以个人对待个人的平等方式来与学生相处。拿我自己来说吧，虽然也在尽力试图做到平等地对待学生，但是真的好难啊！@#￥……唉，扯了一大堆，好像是在自说自话，娃儿们可能看着觉得莫名其妙。

那这样，给个简单的建议好了：老师和学生都是凡人，都有聪明和愚蠢的时候，只不过老师们更会装，所以呢，作为学生放松心态咯，听不懂就听不懂，反正不能自个儿骗自个儿。

■ **问题 5：本科应该怎么学设计？之前的学习都倾向于"找课题相关案例＋抄案例"，理论书因为太晦涩见效慢而少有触及，大师作品也多是形态借鉴而少考虑其真正思想。现在大四了，但对本专业依然无比迷茫。感觉之前的学习方法错了。另外，我觉得设计师也应该多多关注相关学科，如纯艺术、工业、服装；想看看杂志纪录片，又觉得是不务正业而作罢。现在觉得自己审美思想境界都好 low！（"镜方"提问）**

李涟：现在感觉错了还不晚！相关学科当然要关注，但还是要多关注、分析人的行为，ta 和你的建筑是怎么互动的。

冯果川：这个问题的提问者已经将自己的答案放在问题里了，比如他说理论书见效慢难懂，但不多做设计又没有想法；应关注相关学科，但又怕耽误正业。可见他不是不知道答案，而是选择的时候敢不敢挑战困难。容易的路走不远，走得远的又怕累，最终在纠结中蹉跎了岁月。大多数学生的情况是类似的，不是知不知道，而是愿不愿意。海德格尔说人们害怕成为自己，大家更愿意从众，混迹于常人之中。学设计也是这样，大家一起浑浑噩噩，然后再一起挖苦那些不肯从众的傻 X，直到他也放弃追求，和咱们一样"成熟"、"现实"。

■ **问题 6：评图疑问：你的医院不像医院，你的小学不像小学，你的体育馆不像体育馆……这类问题该如何理解和回应？（"高长军"提问）**

冯路：答曰，因为医生不像医生，学生不像学生，运动员不像运动员。

唐克扬：建筑不是画画，不该用"像"形容，A 像 B，B 像 C……必须有个头，对于建筑，逻辑不通。

余斡寒：我觉得针对设计者"像 XX，不像 XX"的要求和评论并不完全是从建筑功能简单得出的，其实是个含混复杂的意象要求。想起 1990 年代中我在深圳一家私营事务所当过半年建筑师，老板评论我们的工作基本就只会用"像 XX，不像 XX"这一句。潮州口音的普通话，"小丫做的裙楼像个商场，有商业气氛"，"小 S 做的别墅像个别墅"……后来做深圳的一个法院项目投标，同事小 T 按照资料集里面法院的功能布局摆布好平面，立面上对称，三段式，加点所谓"古典"、"欧陆"的符号，老板满意地说："凭我多年评标的经验，这个方案要中，因为像个法院。"T 后来自己开公司，还做了一系列周边城市的法院建筑，都"像法院"。现在想，他们做的东西功能上中规中矩，造型上符合甲方的心理预期。不过呢，2000 年之后，这家公司在市场上逐渐销声匿迹，只用"像 XX"这种原则指导设计恐怕也是原因之一，再说，"像 XX"本身也有个"与时俱进"的问题。

■ **问题 7：高层建筑的艺术形式应该怎么去思考？（"泡泡 @-@"提问）**

王韬：建筑做好建筑该做的事，别老惦记着往艺术圈混，游戏规则不一样。我想表明的是建筑师关注的核心是形成功能空间的构造、表皮和形体，艺术不艺术的事情不要想太多。就跟造坦克一样，想着怎么能打抗打就好了，造出来的样子肯定酷，没准还有人夸一句"像是艺术品"。如果憋着造一个世界最酷最艺术的坦克，上战场第一个被打烂的就是它。

魏浩波：此问中作为形式的定语"艺术"一词宽泛而不确定，扔一边去，交给上帝作答。我具体分析下高层建筑的形式发展规律。《圣经·旧约·创世纪》中有一个通天塔形象，似乎是高层的雏形，它与其后漫长的大教堂时代一脉相通，皆是直插云霄的纪念物，是上帝无处不在的纪念化身。1853 年电梯出现，具有真正功能意义的高层建筑诞生，但当时作为新生体尚未形成自身的形式原则，只是沿袭了古典的"三段式"比例作为基本的体量控制手段，这些表现与森佩尔著名的材料置换理论所勾勒的新生类型建筑的发展轨迹十分吻合——在初期成长阶段通常以原有既存建筑为参照或挪用其控制方式。这一置换阶段一直持续到 20 世纪 30 年代，其间登峰造极时还出现了新哥特式飞券拱、三段式处理立面的芝加哥论坛大楼。1921 年，密斯关于柏林钟楼公司的"蜂巢"方案离经叛道，以"透明玻璃＋钢框架"的"皮包骨"的形态传达潜藏在高层建筑骨子里的现代结构与材料的配置关系，开始以清晰再现结构体系内部逻辑的新工作方式尝试建立高层建筑的自我形式原则。就在"皮包骨"似乎被奉为金科玉律时，全球经济时代突然到来了，一元化建筑时代终结，高层建筑的形式异化为可以脱离物质实体、独立为具有表征意义同时能生产利润的"半疯癫"的异质的图像系统，这种"半疯癫"的高层形式生产方式异化为利润点、假面形象、多元、建构的自律性混杂与整合着的幻象般的图像系统……

■ **问题 8：很多大城市现在面临新一轮大规模的城市更新，其中有一些低收入或流动人群活动的场所面临改造。这些地方如按照资本的意愿统统被升级成"高大上"场所，对整个城市来说，那些低收入人群的活动空间会被挤压向哪里？**（"Cherry.C+++"提问）

王韬：就在我们眼皮底下，除了我们能够整体辨识的"城中村"等集中聚居区，有很多人的居住行为是分散隐蔽的，小区服务人员通常住在住宅区的地下室，建筑工人住在工地的工棚，工人住在工厂宿舍，装修师傅住在正在装修的房子里……由于新的士绅化社区离不开低收入者提供的服务，两者在空间上也是共生的关系，只是后者在消费社会时代却消费不起一个明确的社会空间符号。其实他们是无处不在的。

朱晔：这个问题非常好。对于低收入流动人口而言，我的理解是：它一方面与城市空间的等级与生活形态之间的匹配相关，另一方面与城市自发空间的多少有关。城市中不同的空间等级对应着不同的生活形态与成本，低收入流动人口由此会流向与其生活成本相符的城市空间，比如城市郊区、城乡结合部，甚至因为地铁等交通工具的覆盖而去到更远的郊县。举例 1：广州白云区北郊有个地方叫新市，有大量的城中村与出租屋，所以容纳了大量的外来流动人口，有一年国庆曾出现因为拥堵通过人行天桥需要 30min 的状况。另一方面，低收入流动人口会选择生活在管制较少的具有自发特征的城市空间中，就是王韬之前说的情况。举例 2：在广州的 CBD 区珠江新城要开发而未开发的时候，那里面是低收入流动人口的天堂，有趣的情况是旧城区在宣布"旧改"到还未实施之前的一段空置时间。举例 3：重庆十八梯街区是老城区，属于旧改区。旧改之前有条件的原住民基本上已经搬迁了，他们把旧居变成了廉价出租屋，用于出租给赴重庆寻找工作的低收入流动人口，并且以每间房每天 2～5 元不等的价格出租，因为十八梯的端头就有一个重庆较大的流动人口就业市场，流动人口在那里找到了工作，就不再住十八梯的廉价出租屋了。

李东：这个问题不仅仅是规划层面的问题，更多的是社会学层面的问题。正如水永远向低处流，底层民众的居住空间、生活空间总是不知不觉地被边缘化、夹心化，但是总会有这样的空间，哪怕是被动生成。北京展览馆广场空间在上个世纪可以称为"高尚"空间，是社会中上层人士的活动场所，21 世纪以来却日趋没落，广场成为低消费人群消夜的地方，可见空间中的主流人群性质也不是一成不变的。低收入人群会被挤到人口密度较大的居住空间，以及消费水平较低的文化和商业空间，有时这些空间可能与"高大上"空间仅一墙一街之隔。土地的资本属性和逐利驱动最终会把低收入、低消费人群进一步边缘化。

张亚津：低收入人口生命力最强，空间上、阶层上都呈现强烈的流动性。城市某些区域被更新，也有些区域在衰败，低收入人口在更新区域中被驱逐，就会融其他呈现衰败的区域。例如北京天通苑合租住宅在海淀区几个大的"城中村"被拆迁后的快速增长，天通苑很可能就是下一个问题集聚点。欧洲很多城市更新以及亚洲如新加坡等城市的旧城改造有租户保护条例，租金政府补贴，就是出于这种考虑，无论如何不能造成低收入人群在空间上的过度集聚。贫民区绝对是最糟糕的痼疾。

附：
"嗯微问答"缘起

　　课下时有同学会问我一些问题，正常的、高级的、low的、奇葩的，千姿百态。回答他们的问题是一种有趣而丰富的体验。可惜的是，作为当下国内高校中一个普通教师，教学、研究和实践外的工作甚至业余时间被各种杂事破事霸占，以至于时不时地气急败坏。

　　直到有一天被同事宋晓宇点拨，就撺掇着朱晔抓了一帮天南地北、志趣相投、各司其职、各擅胜场的业内朋友，利用（移动）网络空间和碎片时间群殴式地回答同学的专业问题，不求给出标准或者正确的答案，但愿能帮助他们看到海阔天空。于是有了这个微问答，取名"嗯微问答"。有趣的是，这群人的某种幸福感也被唤起了。最近我不怎么气急败坏了。

——魏皓严

微信号：noffice-why
文字整理：张祎、李璐、郑曦、魏皓严
官方新浪微博：http://weibo.com/nofficeqanda

本次嗯微答题者名录（以拼音首字母为序）
冯果川（筑博设计）
冯江（华南理工大学）
冯路（无样建筑工作室）
李东（《建筑师》+《中国建筑教育》）
李涟（华森建筑）
刘艺（中国建筑西南建筑设计研究院）
石岗（新时代机场设计院）
唐克扬（中国人民大学，西安建筑科技大学）
王韬（清华大学《住区》）
魏浩波（西线工作室）
魏皓严（重庆大学）
武昕（中国建筑设计研究院）
徐苗（重庆大学）
余斡寒（四川大学）
臧峰（众建筑工作室）
张亚津（ISA意厦中国）
朱晔（广州美术学院）

高等学校建筑学本科指导性专业规范（2013年版）

高等学校建筑学学科专业指导委员会　编

出版时间：2014年1月　开本：16开　页数：48 定价：14.00元

标准书号：ISBN 978-7-112-16284-0　征订号：25016

【内容简介】为适应社会经济发展、科技进步、可持续发展及行业发展的需求，根据教育部高教司，及住房城乡建设部人事司的要求，高等学校建筑学学科专业指导委员会专门成立编写小组，对专业基本要求进行修订。《专业规范》对建筑学专业的主干学科和相关学科的学科内涵重新做了阐述，进一步明确了建筑学专业的培养目标、培养规格、教学内容和课程体系，对建筑学专业的办学条件提出了基本要求。《专业规范》要求各办学院系既要保证基本专业标准，又鼓励各办学院系要结合学校、地域特点，办出专业特色。

面向21世纪课程教材
普通高等教育土建学科专业"十二五"规划教材
高校建筑学专业指导委员会规划推荐教材

建筑批评学（第二版）

同济大学　郑时龄　编著

出版时间：2014年4月　开本：16开　页数：498 估价：59.00元

标准书号：ISBN978-7-112-16179-9　征订号：24936

【内容简介】建筑批评学的核心内容包括建筑批评意识、建筑批评的价值论、建筑批评的符号论和建筑批评的方法论四个部分，它们共同组成建筑批评学的理论框架。此外，建筑及建筑批评涉及建筑与艺术的关系，建筑师的创造，以及批评家和批评的媒介等。建筑批评学的目的不是为建筑批评制定规则和标准，而是论述建筑批评所涉及的各个领域，介绍有关建筑批评学科之间的联系，同时也论述作为一门学科建筑批评学的理论框架和意义。

A+U高校建筑学与城市规划专业教材

建筑初步

李延龄　编著

出版时间：2013年12月　开本：16开　页数：151 定价：29.00元

标准书号：ISBN 978-7-112-16065-5　征订号：24806

【内容简介】本教材为建筑学、城市规划、风景园林与环境艺术等设计类专业的应用型本科而编写。全书共分6章：第1章——建筑概论，对认识了解建筑，房屋建筑设计的内容、依据、阶段划分，建筑的构成要素，以及我们所需要学习的内容和特点作了一定的介绍；第2章——中西方建筑基本知识；第3章——房屋建筑的构造组成与作用，简单地介绍房屋建筑构件的基本组成与作用，让学生对房屋建筑有一个整体的了解；第4章——建筑初步表现，简单介绍房屋工程图的基本图示原理，工具线条和徒手线条的表达方法，钢笔水彩和彩色铅笔的表达方法，透视图的基本概念与简单作图，以及模型制作和建筑测绘的基本方法；第5章——建筑设计入门，结合小建筑设计的构思、优化、深入和表现等环节进行介绍和分析，从而了解建筑设计的基本方法和特点；第6章——习题与指导，结合每个章节的内容，配置一定数量的课内、外习题和作业指导，供广大师生选用。

普通高等教育土建学科"十二五"规划教材 高校建筑学专业指导委员会规划推荐教材

建筑材料（第四版）

西安建筑科技大学等五校 合编

出版时间：2014 年 1 月 开本：16 开 页数：203 定价：29.00 元

标准书号：ISBN 978-7-112-15657-3 征订号：24259

【内容简介】本教材主要讲述房屋建筑工程中常用建筑材料的品种、规格、性能和应用。全书共分十三章，包括建筑材料的基本性质，天然石材，烧土制品及玻璃，气硬性胶凝材料，水泥，混凝土及砂浆，金属材料，木材，沥青材料，合成高分子材料，绝热材料及吸声材料，建筑涂料，建筑防火材料等。建筑装饰材料则按其主要组分分别在有关章节中讲述。 本书为高校建筑学专业教学指导委员会规划推荐教材，也可供建筑类其他专业选用，或供一般建筑设计和建筑工程技术人员参考。

"十二五"普通高等教育本科国家级规划教材
高校建筑学专业指导委员会规划推荐教材

建筑构造（上册）（第五版）

李必瑜 魏宏杨 覃琳 主编

出版时间：2013 年 9 月 开本：16 开 页数：202 定价：26.00 元

标准书号：ISBN 978-7-112-15668-9 征订号：24198

【内容简介】全书分为上、下两册，上册以大量性民用建筑构造为主要内容，下册以大型性公共建筑构造为主要内容。上、下两册在内容上循序渐进，由浅入深，从一般建筑构造向专门建筑构造扩展。全书体系完整，又可灵活选用。本书依据建筑物的基本构造组成，讲解建筑物的基本构造原理和构造方法，着重于基本知识的传授和基本技能的培养，包括概论、墙体、楼板、装修、楼梯、屋顶、门窗和基础等八个部分。

"十二五"普通高等教育本科国家级规划教材
高校建筑学专业指导委员会规划推荐教材

建筑构造（下册）（第五版）

刘建荣 翁季 孙雁 主编

出版时间：2013 年 9 月 开本：16 开 页数：217 定价：29.00 元

标准书号：ISBN 978-7-112-14720-5 征订号：24271

【内容简介】本书以大型性公共建筑构造为主要内容，针对大型公共建筑的不同类型，进行专门构造的讲授，着重于知识的拓展和技能的提高，分为高层建筑构造、装修构造、大跨度建筑构造和工业化建筑构造等四个部分。本书可作为高等学校的建筑学、城市规划等专业的建筑构造课程教材，也可供建筑设计与建筑施工技术人员参考。

《建筑师》为双月刊　　　国内刊号：CN11-5142/TU　　　邮发代号：82-608　　　定价：35元

《建筑师》全面改版
持续征订中

扫一扫左侧二维码

加入《建筑师》杂志微信公众号　　　官方微博：@建筑师杂志微博

淘宝直营店：http://shop67348776.taobao.com　　　官方博客：http://blog.sina.com.cn/chinaarchitect

联系人：柳涛　　　电话：010-5893-3828　　　136-8302-3711　　　QQ：381200025

中国建筑教育

CHINA ARCHITEC-TURAL EDUCATION

《中国建筑教育》诚挚**感谢**全国高等学校建筑学学科专业指导**委员会**、全国高等学校**建筑学**专业教育评估委员会，及全国各个建筑**高等院校**对**我们**的支持。

名单如下：

清华大学	武汉理工大学
同济大学	厦门大学
东南大学	广州大学
天津大学	河北工程大学
重庆大学	上海交通大学
哈尔滨工业大学	青岛理工大学
西安建筑科技大学	安徽建筑大学
华南理工大学	西安交通大学
浙江大学	南京大学
湖南大学	中南大学
合肥工业大学	武汉大学
北京建筑大学	北方工业大学
深圳大学	中国矿业大学
华侨大学	苏州科技学院
北京工业大学	内蒙古工业大学
西南交通大学	河北工业大学
华中科技大学	中央美术学院
沈阳建筑大学	福州大学
郑州大学	北京交通大学
大连理工大学	太原理工大学
山东建筑大学	浙江工业大学
昆明理工大学	烟台大学
南京工业大学	天津城建大学
吉林建筑大学	西北工业大学

······

（注：以上名单为建筑学专业评估通过院校，时间截止至２０１２年５月）

2014《中国建筑教育》"清润奖"大学生论文竞赛
2014 *China Architectural Education*/TSINGRUN Students' Paper Competition

竞赛宗旨：

自进入21世纪以来，我国建筑业一直迅猛发展，建筑院校不断增加，在校专业学生人数也急剧上升。近几年，建筑学、城市规划学以及风景园林学更是成为三足鼎立的一级学科。随着学科建设以及学科队伍的不断发展壮大，相应的理论研究与探索也应在深度和广度上及时跟进，但目前建筑理论的多元化与批评伦理的缺失，导致专业初学者难以进行科学有据的理性思维，面对纷纭的建筑现象与多元理论的冲击，不知何去何从，专业理论素养的自觉提升和合理化建设更是很难达到相应的高度，有鉴于此，由《中国建筑教育》发起，联合全国高等学校建筑学专业指导委员会、中国建筑工业出版社、东南大学建筑学院、北京清润国际建筑设计研究有限公司共同举办大学生论文竞赛。

本次论文竞赛旨在通过对不同阶段学生论文的评选，及时了解和发现我国现阶段不同专业层面教育中存在的问题，及时在教学中进行调整和反馈，有序推进理论教学水平的提升；通过优秀论文的点评与推广，激发学生的学习与思考热情，为学生树立较好的参照系统，使理论教学有章可循；通过持续的论文竞赛活动，提升学生群体的整体理论素养，并为及时发现优秀研究型人才做好培养和储备工作。

论文竞赛主要面向在校大学生和研究生，以国内学生为主，并欢迎境外院校学生积极参与。论文竞赛拟每学年举办一次，每年有一定范畴内的设题，对来稿进行内容规范与约束，本硕学生组与博士生组分开评选，并分别予以奖励，获奖论文将择优刊发在《中国建筑教育》及《建筑师》杂志上。

竞赛评委由建筑学专业指导委员会与《中国建筑教育》联合推选，设有评委会主任及轮值评委委员。

题目：题目根据提示要求自行拟定。

■ 历史语境下关于……的再思 <硕、博学生可选>

请选择你感兴趣的一位中外建筑师，或者更宽泛一些，选择一种有价值的建筑事件／特征／现象（也可以是结构、材料，甚至表皮技法等，也可以是中国历史上的一种建筑文化现象），去分析、推衍及梳理其内在特质，并以当代视野再次评价其建筑学价值。

他们曾经甚至如今依然在影响着建筑的发展史，他们或开创了新的建筑语言，最大限度地探索了材料和结构完美表达的可能性，或在风格、材料、形式等建筑基本问题上作出前瞻性的思考，并敏锐地捕捉到建筑思维与语言的现当代转向……建筑发展史上曾经的建筑现象放在历史视野中去重新观察和审视，会更接近其建筑学价值，古今、中外皆然。

■ 建筑作品或现象评析 <本、硕学生可选>

通过一定的具体研究或调查，针对某一建筑现象进行分析与论证，阐述你的研究结果与想法；

或者通过对以往建筑设计作业、建筑设计竞赛以及实际参与建筑设计或建造的经历进行总结，阐述你对某一（自己或他人的）设计作品的理解与思考。

■ 建筑的未来与发展思考 <本科学生可选>

未来的建筑是什么样的？

信息化建筑的出现有无必然性？它能否给我们带来幸福？

摩天大楼有我们想要的幸福空间吗？

人性间彼此的沟通，到底有多么重要？未来建筑是否要对此关照？

……

可畅谈你对未来建筑趋势的设想，或展开你对建筑发展本质的理解。

主　　办：《中国建筑教育》编辑部
　　　　　　中国建筑工业出版社
　　　　　　全国高等学校建筑学专业指导委员会
　　　　　　北京清润国际建筑设计研究有限公司

承　　办：《中国建筑教育》编辑部　　东南大学建筑学院

评审委员会主任：仲德崑　沈元勤　王建国　王莉慧

本届轮值评审委员（以姓氏笔画为序）：

马树新　王建国　仲德崑　庄惟敏　刘克成　孙一民　李　东　李振宇　张　颀　赵万民　梅洪元

评审委员会秘书：屠苏南　陈海娇

奖　　励：一等奖　　2 名（本硕组 1 名、博士组 1 名）　　奖励证书 + 壹万元人民币整
　　　　　　二等奖　　6 名（本硕组 4 名、博士组 2 名）　　奖励证书 + 伍仟元人民币整
　　　　　　三等奖　　9 名（本硕组 6 名、博士组 3 名）　　奖励证书 + 叁仟元人民币整
　　　　　　优秀奖　　若干名　　　　　　　　　　　　　　奖励证书

征稿方式：1、学院选送：由各建筑院系组织在校本科、硕士、博士生参加竞赛，有博士点的院校需推选论文 8 份及以上，其
　　　　　　 他学校需推选 4 份及以上，于规定时间内提交至主办方，由主办方组织评选。
　　　　　　2、学生自由投稿。

论文要求：1、参选论文要求未以任何形式发表或者出版过；
　　　　　　2、参选论文字数以 5000 ~ 10000 字左右为宜，本科生取下限，研究生取上限，可以适当增减。

提交内容：含完整文字与图片的论文正文一份（word 格式），详细论文格式见评选章程附录 2；
　　　　　　单独提取出原图片的文件一份（jpg 格式）；
　　　　　　作者信息一份（txt 格式），内容包括：论文名称、所在年级、学生姓名、指导教师、学校及院系全名；
　　　　　　证明在校身份的学生证件复印件一份，或院系盖章证明一份（jpg 格式）。

提交方式：电子文件至信箱：2822667140@qq.com（文件夹名为：参加论文竞赛 - 学校院系名 - 年级 - 学生姓名 - 论文题目 -
　　　　　　联系电话）；并同时邮寄相应纸质文件至评审工作小组。

联系地址：北京市海淀区三里河路 9 号住建部北配楼 北 514 室 建工出版社《中国建筑教育》编辑部 收　邮编：100037　（请
　　　　　　在信封背面注明"参加论文竞赛"字样）

联系电话：010—58933415，13651105243，联系人：陈海娇

截止日期：2014 年 9 月 8 日（纸面材料以邮戳时间为准；电子版本以电子邮件送达时间为准，并与编辑部电话确认或邮件回
　　　　　　复确认）；

参与资格：全国范围内（含港、澳、台地区）在校的建筑学、城市规划学、风景园林学以及其他相关专业背景的学生（包括本科、
　　　　　　硕士和博士生），并欢迎境外院校学生积极参与。

评选办法：本次竞赛将通过预审、复审、终审、奖励四个阶段进行。

颁　　奖：在今年的全国高等学校建筑学专业院长及系主任大会上进行，获奖者往返旅费及住宿费由获奖者所在院校负责（如
　　　　　　为多人合作完成的，至少提供一位代表费用）。

发　　表：评审结果和获奖作品将择优刊登于 2015 年出版的《中国建筑教育》、《建筑师》杂志上。

其　　他：1、本次竞赛不收取参赛者报名费等任何费用；
　　　　　　2、本次大奖赛的参赛者必须为在校的大学本科生、硕士或博士生，如发现不符者，将取消其参赛资格；
　　　　　　3、参选论文不得一稿两投；
　　　　　　4、参选论文的著作权归作者本人，但参选论文的出版权归主办方所有；
　　　　　　5、参选论文不得侵害他人的著作权，要求未以任何形式发表或者出版过，如有发现，一律取消参赛资格；
　　　　　　6、论文获奖后，不接受增添、修改参与人；
　　　　　　7、具体的竞赛评选章程及论文格式要求：
　　　　　　　 请通过"专指委"的官方网页下载（网址：http://www.abbs.com.cn/nsbae/）；
　　　　　　　 或关注《中国建筑教育》微信平台查看（微信订阅号：《中国建筑教育》）；
　　　　　　　 或发邮件至编辑部索要（电子信箱：2822667140@qq.com）。

《中国建筑教育》大学生论文竞赛
评选章程(试行稿)

2014 年 5 月

一、总则

1.举办目的

《中国建筑教育》、中国建筑工业出版社和全国高等学校建筑学专业指导委员会为促进全国各建筑院系的建筑思想交流,提高各校的学生各阶段学术研究水平和论文写作能力,激发全国各建筑院系建筑学专业学生的学习热情和竞争意识,鼓励优秀的、有学术研究能力的建筑后备人材的培养,每年在全国建筑院系学生中进行大学生学术论文竞赛的评选活动。

2.主办

《中国建筑教育》编辑部
中国建筑工业出版社
全国高等学校建筑学专业指导委员会

3.参与资格

全国范围内(含港、澳、台地区)在校的建筑学、城市规划学、风景园林学以及其他相关专业背景的学生(包括本科、硕士和博士生),并欢迎境外院校学生积极参与。

4.举办时间

每学年第一学期举办大学生学术论文竞赛评选活动。

二、评选办法

1.论文选题

由当届评委会出题。

2.参赛方式、选送范围与数量

1)学院选送:由各建筑院系组织在校本科、硕士、博士生参加竞赛,有博士点的院校需提交参选论文 8 份及以上,其他学校需推选 4 份及以上,提交至主办方,由主办方组织评选。

2)学生自由投稿。

3.参选论文的要求

1)参选论文要求未以任何形式发表或者出版过;

2)参选论文字数以 5000 ~ 10000 字左右为宜,本科生取下限,研究生取上限,可以适当增减;

4.竞赛组织单位

专指委委托并协助《中国建筑教育》编辑部进行论文竞赛的组织与评选工作,选择一所建筑院校联合承办。

5.评选办法

论文奖的评选遵循公平、公开和公正的原则,设评审委员会。竞赛评审将通过预审、复审、终审、奖励四个阶段进行。

1)预审:由评审工作小组(《中国建筑教育》编辑部)对所有参选论文进行顺序编号(在每篇论文正面右上角作流水号)登记和审查,凡不符合评选章程和办法的参选论文,一律不予进入复审阶段。预审阶段将从中筛选出 2/3 左右(视参评论文总数而定)进入复审。

2)复审:复审委员由专指委委员、《中国建筑教育》主编和编委、各建筑院校相关领域教师等 11 至 13 人组成。评委网上阅读进入复审的论文,从中评选出入选论文(约占参选论文的 30%),并将书面评审意见返回评审工作小组。

3）终审：通过复审的论文，工作小组将综合各位评委的书面意见，组织全体评审委员会委员现场投票，并选出 17 篇优秀论文。

4）奖励：颁奖活动将在一年一度的全国高等学校建筑学专业院长及系主任大会上进行，获奖者往返旅费及住宿费由获奖者所在院校负责（如为多人合作完成的，所在院校至少提供一位代表费用）。对评选出的优秀论文分别颁发证书或奖章，并给予适量奖金奖励。

6. 出版及版权约定

获奖论文将择优刊发在《中国建筑教育》及《建筑师》杂志上。

参选论文不得一稿两投。参选论文的著作权归作者本人，但参选论文的出版权归主办方所有。

参选论文不得侵害他人的著作权，要求未以任何形式发表或者出版过，如有发现，一律取消参赛资格。主办方有权将参选论文出版或收入期刊数据库，有权自行汇编作品内容，有权行使作品的信息网络传播权及数字出版权，有权代表作者授予第三方使用作品，作者不得再许可他人行使上述权利。

7. 对违反规定情形的处理

如发现参选者违反相关规定，或有任何妨碍论文奖评审活动正常进行的行为的，评委会可以区分情况要求参选者改正，或取消其参加评审活动或获奖的资格；对于已获奖的参选者，由评委会撤销奖励，追回获奖证书和奖金。如涉及违法违纪行为的，论文奖组织者可将相关情形转报有关机关进行处理。

三、经费来源

由主办方落实资金支持。

本章程为试行办法，将根据实施的具体情况逐步进行修改和完善。

本章程的解释权在《中国建筑教育》编辑部及全国高等学校建筑学学科专业指导委员会秘书处。

《中国建筑教育》编辑部
全国高等学校建筑学学科专业指导委员会
2014 年 5 月

附件 1：论文参选事宜

1. 论文递交时间：

在规定时间内（电子版本以电子邮件送达时间为准；纸面材料以邮戳时间为准）；评审结束后评审委员会将公布评选结果，并在全国高等学校建筑学专业院长及系主任大会上进行颁奖。论文收集和评选时间如有变化，评审委员会将另行正式通知。

2. 所需递交材料和递交方式：

参选的每份论文需以电子邮件提交（电子信箱：2822667140@qq.com）；并同时邮寄相应纸质文件至评审工作小组。

(1) 电子邮件主题为：参加论文竞赛 – 学校院系名 – 年级 – 学生姓名 – 论文题目 – 联系电话。

(2) 电子邮件的文件以附件压缩包形式提交，包括：

含完整文字与图片的论文正文一份（word 格式），详细论文格式见附录 2；

单独提取出原图片的文件一份（jpg 格式）；

作者信息一份（txt 格式），内容包括：论文名称、所在年级、学生姓名、指导教师、学校及院系全名；

证明在校身份的学生证件复印件一份，或院系盖章证明一份（jpg 格式）；

(3) 纸质文件邮寄地址：北京海淀区三里河路 9 号 住房和城乡建设部北配楼北楼

中国建筑工业出版社 514 室《中国建筑教育》编辑部，

邮编 100037（请在信封背面注明 "参加论文竞赛" 字样）

(4) 联系电话：010–58933415；联系人：陈海娇

3. 其 他：

（1）竞赛不收取参赛者报名费等任何费用；

（2）大奖赛的参赛者必须为在校的大学本科生、硕士或博士生，如发现不符者，将取消其参赛资格；

（3）参选论文不得一稿两投；

（4）参选论文的著作权归作者本人，但参选论文的出版权归主办方所有。

（5）参选论文不得侵害他人的著作权，要求未以任何形式发表或者出版过，如有发现，一律取消参赛资格；

（6）论文获奖后，不接受增添、修改参与人。

附件 2：参赛论文格式及提交须知

1. 除海外同学外，稿件一般使用中文。

2. 参选论文字数以 5000 ～ 10000 字左右为宜，本科生取下限，研究生取上限，可以适当增减。

3. 参选论文应包含以下信息（并按此顺序排列）：

（1）文章的中文标题；

（2）中文摘要（字数控制在 200 字以内）；

（3）中文关键词（不超过 8 个）；

（4）文章的英文标题；

（5）英文摘要（字符数控制在 600 字符以内）；

（6）英文关键词（不超过 8 个）；

（7）论文正文；

（8）完整的注释（不采用脚注，统一置于正文后）；

（9）完整的参考文献（统一置于注释之后，并按作者姓名首位字母顺序编号排列，中英文混排）；

（10）完整的图片来源。

4. 论文版式要求：

（1）要求在论文页脚处标明作者所在的年级（示例：本科一年级，或硕士一年级、博士一年级）；但作者其他信息不出现论文上。

（2）全文统一按 word 格式 A4 纸（"页面设置"按 word 默认值）编排、打印、制作；

（3）字体：中文标题为黑体，其他中文字符均为宋体，数字及英文字符为 Times New Roman；
    字号：全文统一为小四号；
    字符间距：标准；
    行距：20 磅；

（4）文章正文的标题、表格、图、等式以及脚注必须分别连续编号。
    一级标题用一、二、三等编号，二级标题用（一）、（二）、（三）等，三级标题用 1.、2.、3. 等，四级标题（1）、（2）、（3）等。各级标题左对齐。前三级独占一行，不用标点符号，四级及以下与正文连排。

（5）文中若附有图片，图片信息需制作成 jpg 格式的电子文件，并在光盘中以文件夹形式将所有图片单独存放，注明详细的图号、图题；图片文档尺寸一般不小于 10×10cm，分辨率不得少于 300dpi，以保证印刷效果。

《中国建筑教育》栏目介绍

(欢迎投稿)

《中国建筑教育》由全国高等学校建筑学学科专业指导委员会，全国高等学校建筑学专业教育评估委员会，中国建筑学会和中国建筑工业出版社联合主编，是教育部学位中心在 2012 年第三轮全国学科评估中发布的 20 本建筑类认证期刊（连续出版物）之一，主要针对建筑学、城市规划、风景园林、艺术设计等建筑相关学科及专业的教育问题进行探讨与交流。

《中国建筑教育》涵盖以下栏目：主编寄语、要闻与特稿、专栏、建筑设计与教学、联合教学、众议、基础教育、研究生教育、海外动态、建筑历史与理论研究、教学笔记、教学问答、作业点评、书评、建筑作品、学术与争鸣、竞赛速递、名师素描、我怎样学建筑、教材导读、菁菁校园、校园动态、编辑手记等。

每期栏目灵活设置，每期根据情况设一个主题或者专栏，其他栏目的设置也尽量以较多的资讯、灵活的形式出现，力图使文章具有很强的可读性，展现当代建筑教育成果的丰富性与各异性。

其中，各主要栏目定位如下：

要闻与特稿
——针对当下建筑教育领域重要事件或活动的综合报道；建筑教育相关政策法规解读；教育、教学的纲领性文件。一般为特约稿件。

专　　栏——每期设定某一核心话题，可根据建筑学教学主题、有影响的学术活动、专指委组织的竞赛、社会性事件等制作组织专题性稿件，一般为特约稿件。

建筑设计研究与教学
——建筑设计教学中理论性的研究与思考，对建筑教学实践中教学模式、学习方法等系统性的介绍与评述。

联合教学——对于国内及国际间各高校联合教学实践的探讨与教学成果的分享。

众　　议——每期设定一个话题，进行简短的评述与争鸣，文章字数控制在 2000 字以内。

教学笔记——关于建筑教学探索、基础教学、教学记录与感悟，以及与学生互动等方面的呈现。

教学问答——建筑教学中出现的问题，可以由老师也可以由学生提出，然后请名师解答，还可以设话题征集。

作业点评——请有经验的教师点评学生的课程作业，讲解设计心得与设计研究方法。

书　　评——国外新书和经典著作评述与导读，国外建筑教育类杂志综述。

教材导读——普通高等教育"十一五"国家级规划教材，以及高校建筑学专业指导委员会规划推荐教材等重点系列教材的介绍与推荐。

菁菁校园——各院校的院刊、系刊等学生刊物的优秀文章选摘。

校园动态——各院校的新闻与活动资讯一览。

注：以上栏目长期欢迎投稿。

《中国建筑教育》2014·专栏预告及征稿

《中国建筑教育》每期固定开辟"专题"栏目和"众议"栏目——"专题"栏目每期设定核心话题,针对相关建筑学教学主题、有影响的学术活动、专指委组织的竞赛、社会性事件等制作组织专题性稿件,呈现新思想与新形式的教育与学习前沿课题;"众议"栏目,希望提供一个各方争鸣的平台,每期设定一个话题,针对现阶段中国建筑教育中比较突出且普遍的问题,进行开放式的探讨、评述与争鸣。

2014年,《中国建筑教育》力争做到全年四册发行,争取每个季度与大家见面。

《中国建筑教育》2014年主要专栏计划:

2014(总第7册):专栏"国外建筑学博士教育"+众议"我眼中的建筑系"+与"中国建筑学会特别教育奖"获得者栗德祥先生对谈;

2014(总第8册):专栏"东北地区建筑院校教学改革与转型"+众议"众说设计竞赛与评图";

2014(总第9册):专栏"建筑史教学研究与改革"+众议"校园中的建造实践"(本册截稿日期:2014.9.30);

2014(总第10册):专栏"建造中的材料与技术教学研究"+众议"回忆当年的第一个建筑设计(手绘表现、模型制作……)"(本册截稿日期2014.12.31)。

《中国建筑教育》来稿须知

1. 来稿务求主题明确,观点新颖,论据可靠,数据准确,语言精练、生动、可读性强,稿件字数一般在3000—8000字左右(特殊稿件可适当放宽),"众议"栏目文稿字数一般在1500—2500字左右(可适当放宽)。文稿请通过电子邮件(Word文档附件)发送,请发送到电子信箱2822667140@qq.com。

2. 所有文稿请附中、英文文题,中、英文摘要(中文摘要的字数控制在200字内,英文摘要的字符数控制在600字符以内)和关键词(8个之内),并注明作者单位及职务、职称、地址、邮政编码、联系电话、电子信箱等(请务必填写可方便收到样刊的地址);文末请附每位作者近照一张(黑白、彩色均可,以头像清晰为准,见刊后约一寸大小)。

3. 文章中要求图片清晰、色彩饱和,尺寸一般不小于10cm×10cm;线条图一般以A4幅面为适宜,墨迹浓淡均匀;图片(表格)电子文件分辨率不小于300dpi,并单独存放,以保证印刷效果;文章中量单位请按照国家标准采用,法定计量单位使用准确。如长度单位:毫米、厘米、米、公里等,应采用mm、cm、m、km等;面积单位:平方公里、公顷等应采用km^2、hm^2等表示。

4. 文稿参考文献著录项目按照GB7714—87要求格式编排顺序,即:

(1) 期刊:全部作者姓名.书名.文题.刊名.年,卷(期):起止页
(2) 著(译)作:全部作者姓名.书名.全部译者姓名.出版城市:出版社,出版年.
(3) 凡引用的参考文献一律按照尾注的方式标注在文稿的正文之后。

5. 文稿中请将参考文献与注释加以区分,即:

(1) 参考文献是作者撰写文章时所参考的已公开发表的文献书目,在文章内无需加注上脚标,一律按照尾注的方式标注在文稿的正文之后,并用数字加方括号表示,如[1],[2],[3],…。

(2) 注释主要包括释义性注释和引文注释。释义性注释是对文章正文中某一特定内容的进一步解释或补充说明;引文注释包括各种引用文献的原文摘录,要详细注明节略原文;两种注释均需在文章内相应位置按照先后顺序加注上标标注如[1],[2],[3],…,注释内容一律按照尾注的方式标注在文稿的正文之后,并用数字加括号表示,如[1],[2],[3],…,与文中相对应。

6. 文稿中所引用图片的来源一律按照尾注的方式标注在注释与参考文献之后。并用图1,图2,图3…的形式按照先后顺序列出,与文中图片序号相对应。